去过配得上你的生活

小鱼叔 著

中国法制出版社
CHINA LEGAL PUBLISHING HOUSE

推荐序：一个普通女孩的偏执

在小鱼心里，我应该算是一个“姐姐”的角色，一路见证着她的成长，也分享着她的喜怒哀乐。

我跟小鱼是2018年认识的，那时她刚开始学习写作，还记得她的文章刚被“人民网”公众号选用的时候，她兴高采烈地来跟我报喜，说以后要在写作这条路上坚定地走下去。那一年是她创作最高产的一年，她不断地写稿、不断地投稿，不断地突破，和更大的平台合作。

直到2019年初，她告诉我说她快当妈妈了，我才得知她有一半的作品竟然都是在怀孕的状态下完成的，这让我肃然起敬。我深知，这个小姑娘对自己的文字梦想是偏执的。

她计划在待产的时候休息几个月，生完孩子就迅速回归到写作的队伍里来。以我的经验来看，这并不是一件容易的事，后来的事实也确实如此。

产后第一年，小鱼的状态很不好。很多“宝妈”产后都有“一劫”，不仅要应付育儿的手忙脚乱，还要面对家庭关系的磨合，甚至还有几代人育儿理念的碰撞。责任上的首当其冲和感情上的孤立无援就像两道无形的枷锁，压迫得她们喘不过气来。我是从这个状态走过来的，小鱼也是。记得那时，小鱼说，活这么大，第一次感觉人生如此艰难。

我回复她：日子难过的时候，不要放弃写作，必要时能救命。我知道写作对于她的意义。写作于她而言，是一地鸡毛中的精神支柱，也是她唯一可以纾解情绪的方式。那段时间，她的文字略显压抑，却开始慢慢形成了自己的个人风格。

她是一个真正靠梦想勇敢起来的人。生活中艰难的时刻、工作中被打压的时候、在陌生环境中寻求出路的时候，写作这点“甜”化解了她人生中无数的“苦”。

她性格敏感，一路孤独。既害怕自己不被人喜欢，也害怕别人打乱她的世界。第一次写心理解析的文章，她把自己从小到大的经历梳理了一遍，写完后跟我说：很鄙视那个不断讨好别人、不敢活出真实面目的自己。我知道，她终于要从她自己的“茧房”里走出来了。一个人真正的蜕变应该就是从正视自己开始，知道自己不尽完美，却不躲不避，勇敢倾听心底的声音。

也是从这个时候起，她的文字越来越走心，表达越来越真诚。我能从这段时间的创作里看到她对自己的接纳，她知道如何与自己和平相处，她不再是那个等待别人认可的小姑娘了。

一个人要走多少路才能从柔弱走向坚强？看小鱼笔下的故事，你或许会找到答案。

一个自卑的姑娘，靠着自己的努力在这个社会上生存，慢慢活成了自己喜欢的样子。这样的小鱼其实就是千千万万个普通女孩的缩影：她们不露锋芒，却有从泥泞里拔出脚继续奔跑的倔强；她们没有得天独厚的条件，但总有一股力量从心底升腾出来，让她们不断地突破过去的自己、去探索新的可能。

打开这本书，你会看到小鱼的蜕变过程，也会看到那个在暗夜里逐光而行的自己。

田青青（青年作家，“猫姐能量圈”公众号创始人）

2022 年 10 月 26 日

自序：感谢那个和梦想“较真”的自己

01

我不是一个擅长发现自己优点的人，也不是一个擅长感谢自己的人。我一直羞于感谢自己，总觉得感谢自己的时候内心会不踏实，我会觉得自己有什么好感谢的？

我在上学时学习平平，上班后工作平平，就连写文也是平平无奇……甚至，我情绪不稳定、性格不讨喜、人际关系搞得一塌糊涂……我有太多拿不上台面的缺点……哪怕是鼓足勇气定下这个标题，我依然觉得感谢自己时内心是不安的，总觉得自己不配，不配得到感谢和夸赞。

就像朋友评价的我：擅长攻击自己，擅长把自己说得一无是处。初看这句话，我会觉得一阵刺痛，这种刺痛并不是说这句话很伤人，而是说这句话彻底点醒了我，将我几十年来对自己的认知盲区彻底打破。让我更加清醒地意识到，原来自己一直是在“精神虐待”自己啊！让我明白，我的确不应该太过攻击自己……

从那个时候起，我便开始追溯过去的自己，也逐渐发现，这个评价很正确，我的确是一个擅长把自己糟糕化的人，并且是彻底糟糕化的人。我也忽然觉察到，自己身体内那个叫“自我”的小人，正在慢慢地觉醒。我开始发现，是应该好好感谢一下我自己了。

是自己，拼了命抓住梦想不放；是自己，从来没有想过要放弃自己；是自己，一直拉着自己向更好的生活奔去……如果非要郑重其事地感谢一下自己的话，那就是："感谢你！没有放弃自己，也没有放弃曾经的梦想。"

02

我有两个梦想。一个是教师梦，另一个是作家梦。教师梦，我已经实现了。这次，我想谈谈我的"作家梦"，是时候"光明正大"地把这个梦想从我的内心深处拎出来摊开了谈一番。

这种感觉就像是我私藏了一生的秘密，在某一日突然从黑暗中走到了太阳底下一样，虽刺痛了双眼，但终于有了光亮。这是属于我自己的一道光。

从小，我就有一个梦想——成为一名作家。只是，我从来没有和任何人说起过。在我出生的那个地方，别说是作家梦了，就是写文章拿去投稿，别人都会觉得你是在痴人说梦。因为所在的地方比较闭塞，人的认知也有限。

我第一次向市报社投稿，纯粹是因为一个朋友的朋友在报纸上发表了一篇文章。我想，要不我也试试吧？反正也没什么期待，就当是闲玩的。就这样，我投了一篇千字稿过去，用的还是朋友的邮箱。不记得过了多久，连我自己都已经把这件事忘得一干二净，报社编辑居然回复了，让我把文章删减到六百字左右。也不知道当时是出于什么心理，可能是想着删减之后也不一定会被选中吧，我就随手把稿子存进电脑里再也没有碰过，继续过着自己单调乏味的生活。

大概过了好几年，有一次翻电脑时，我翻到了那一篇文章，它依然躺在我的电脑里，孤零零的，既没有被发表，也没有被删除。我就看着那篇文章，在心里偷偷地问自己："你的作家梦还在吗？你还想成为作家吗？"

答案是："在，想。"

得到这个肯定的答案后，我开始在网络上寻觅机会。

03

2018 年下半年，我误打误撞踏上了新媒体写作这条路。到现在，已经算是第四个年头了。这四年里，我经历了整个孕期的迷茫和不适，经历了养育孩子前三年的崩溃和无助，也经历了工作、养娃、写作难以平衡的焦虑和难过……

如今，孩子三岁了，开始上幼儿园，最难熬的日子已经过去了。在我人生中最难熬的这四年里，我有想过放弃自己的梦想，不写文了，不看书了，也不花费心思去追梦了，出不出书也不强求了，成不成得了作家也无所谓了，就做一条躺平的"咸鱼"也挺好。

可是，我总有那么一点点的不甘心……在经历了无数次挣扎和崩溃之后，我还是决定，就这样写吧！写下去才有机会实现自己的梦想，不写就真的一点机会也没有了。虽然后来我写的文章不多，甚至有很多时候是写写停停，但作家梦一直都在我的心里，从不曾彻底退出。

很庆幸，我没有放弃，也一路向前。

人可能都是正在经历的时候，觉得日子煎熬难耐，等真正熬过来了，才发现自己在那种压力下，居然也做了那么多事情，拯救了快要放弃的自己。

04

关于出版这本书时我的心态和感受，说得文雅一点是，在我以淡然的心态面对自己的出书梦、作家梦时，我接到了出版社编辑的出书邀请。说得直白一点是，在我打算彻底放弃出书梦、作家梦，做好了一辈子实现不了梦想的准备时，我却接到了邀请。

在好友发来微信，说有编辑老师问我有没有出书打算时，我才发现，人终究还是不会轻易放弃自己的梦想。我激动得无以言表。在这之后的很长一段时间，我都处于开心到起飞的状态，带娃时、逛街时、吃饭时、工作时……无论何时何地做着任何事情，我都是元气满满，愉快到膨胀的状态。当然，也有紧张和不安，紧张自己的写作水平会给编辑老师拖后腿，不安自己的书稿过不了审……

总之，担心有时、快乐有时、期待有时……

感谢向我投出橄榄枝的出版社编辑老师，感谢一直不求回报帮助我的好朋友丽丽赫本，也感谢百忙之中为我写推荐序的猫姐。感谢一直追随我的读者们，以及一路走来那个狠狠和梦想“较真”的自己。

在我想要放弃的很多个瞬间，总能感受到大家对我的鼓励和理解，这份温暖我一直都记得，然后用一生的时间去回报。

这本书，是我人生中的第一本书，不管以后还有没有第二本、第三本、第四本……我都会继续写下去，写一辈子……

谢谢你们，就像我的书名一样，希望我们都能去过配得上自己的生活，活成最好的自己。

我不放弃，你们也不放弃，好不好？

小鱼叔

2022.09.25

目录

PART 2 第二部分

要始终相信，你配得上更好的生活 ... 53

PART 3 第三部分

人生，就是敢于解锁各种可能 ... 103

PART 4 第四部分

第一部分

不必害怕孤独

默默独行的日子里，奋斗过的点点滴滴，都会成为人生的加分项。

那些不为人知的努力时刻，或许暗无天日，或许无人问津，但正是那些时刻的积累，让我们有朝一日，在光亮来临时，有能力用双手接住它。

不要忘了自己的节奏和使命，也不要忘了自己最初的模样，虽然我们不完美，但我们无可替代。

不必害怕孤独

01

那天，有个读者很惊讶地问我：“小鱼，你原来是转行到教育行业的啊？”这一问，把我的记忆拉回到转行那会儿。当我回忆那段时光时，也被自己当初的一腔孤勇震撼到。

毕业的第二年，在经历了无数次工作不顺之后，我狠下心放弃了大学所学的专业，转到了完全陌生的教育行业。所有的一切都要从零开始，靠自己去学、去悟、去练。后来参加的教师招聘考试，也是千军万马过独木桥，一切只能靠自己一个人，稳扎稳打地走过那座独木桥。

当时，我连该买什么教材都不知道，仅仅买教材就买了三次，直到第三次才买对。但为了能实现自己的梦想，我没有过多抱怨，便开启了自学模式。

我没有别人聪明，也没有别人强大的专业基础。别人用一分力就能做成的事，而我需要投入十分力，才能勉强打开那一扇门。我选择自学，不是因为相信自己的学习能力，而是因为我穷，没有钱去报班。

就这样，我每天早上准时六点起床，开始背书做笔记。我把自己关在卧室里，谁也不见，哪儿也不去，吃饭的时间也被压缩到尽可能短。到了中午，原本一直有午休习惯的我把午休也舍弃了，饭后便开始做练习题。一个下午的时间，我最多能做四套卷子。晚上一般是我复盘的时间，默写上午背诵的知识点，总结错题，经常要熬到半夜。

每天晚上十点，我妈会准时催我睡觉，我也会象征性地关灯假装睡觉。等我妈睡下了，我再打开灯继续学习。男友打电话，我也规定只能打十分钟，无论任何特殊情况，只要十分钟一到我就会挂掉电话。

在那段孤独的时光里，六百多页的教材我看了六遍，笔记密密麻麻记了四本，还做了上百套卷子，用完了三盒笔芯。

这些努力，没有人看得到，我也未曾向身边人提起过。后来，很多人说我幸运，轻而易举就转行成功，我都一笑而过，也不会去解释什么。

因为在我看来，每个人都会有一段孤独的时光。在这段孤独的时光里，我们流下的汗水也好，泪水也罢，个中辛酸只有自己最清楚。

02

在接近两年的时间里，我独自走过的城市不下十个，并不是为了去旅游，而是为了去参加教师招聘考试。

有一次，一天之内，我要去两个城市。上午在这个城市考试，下午就要坐汽车去另外一座城市，准备参加第二天的考试。那天，汽车司机说好了走高速公路，结果他中途改道走了低速公路，我到达第二个城市时已经是晚上八点多。我跑遍考点附近所有的旅店，也没有找到一间空房。

那一刻，我突然很想立刻就稳定下来，不想再这样孤单地漂泊下去。我站在路边，看着四周万家灯火，落寞地掉下了眼泪。我不敢和任何人打电话，而是一个人沿着一条路，孤独地往前走……

终于在路尽头，看见一家旅店，我飞奔过去，是真的不顾形象地飞奔过去。好在，还有一间空房，虽然是一间暗房，但也总算是不用露宿街头了。

那一次考试，我有幸进入面试阶段。面试时，需要提前一天到指定地点，领取面试准考证。然而，那一天却成了我人生中最崩溃的一天。人生地不熟，又下着大雨，我明明查好的路线，下车后却发现，自己彻底迷路了。手机也不给力，电量不足，我往东南西北四个方向走了个遍，却依然找不到路。

关键是，那个地方和荒郊野岭没有多大区别，连一辆出租车也没有。我就站在十字路口，见一个人问一下，可谁都不清楚那个地方在哪儿。眼看截止时间马上就到了，我有些着急，也有些破釜沉舟。在路边不顾一切地拦下一辆电动车，还差点被撞飞。刚好车主知道地点，我才顺利领到准考证。

而那时的我早已被淋成了落汤鸡。虽然那次面试，我落选了，但我并不感到遗憾，至少我努力过了。这只是备考路上的一个小插曲，那些我独自走过的城市都留下了我的印记，这既是一种经历，也是一种成长。

也正是那一段段孤独的时光成就了现在的我。虽然现在的我，活得并不算成功，但对于从大山里走出来的我来说，有一份能让自己为之奋斗的工作就已经足够了。

现在，当我回首那段往事时，我看到的不是辛酸，而是辛酸带给我的力量。我会觉得，是那些泪水和汗水铺就了我一生要走的路。这条路虽然不是花团锦簇，但也足以照亮我的前方。

03

前几天，我因为心情不好，和朋友小艾聊了很久。以前我只知道小艾高三复读了一年，大学也不算理想，但她硬是凭着一股不服输的劲头，毕业时挤进了一家规模不算小的英语培训机构。和小艾聊天，我才知道，她一个人熬过了那么多无人问津的时光。

高四那年，她是班里唯一一名复读生，和周围的同学几乎格格不入，所以也就很少和他们接触。无论哪一次调座位，她都会选择最后一排靠窗的位置，一来不用和大家勉强融在一起，二来也可以专心学习。

高四那一年，她除了吃饭睡觉，就是在教室里学习。甚至到高考结束，她都没有把班里的同学认全。高考时，可能因为紧张，她发挥失常，比第一次的高考成绩还低两分。权衡之下，她去了第一年就能上的大学，学习英语专业。

为了练好口语，她每天早上六点半准时出现在学校的人工湖旁边，对着湖水开始练口语。我问她："别人都在被窝里睡觉的时候，你一个人在湖边练口语，会感到孤独吗？"

她自嘲地说，她是叫醒湖里金鱼的闹钟，有金鱼做伴，她还孤独什么呢？虽是自嘲，却更像是一种对孤独的接纳。

毕业不到五年，她就从一名带班教师成长为分校校长。这五年里，她谈恋爱都得挤时间，每天晚上一个人在教室里练讲课，争取把每一节课都打磨到自己满意为止。

她说，只要能活成自己喜欢的模样，她宁愿一辈子这样孤独下去。其实，我挺羡慕她的，一身才华，还那么努力，又耐得住寂寞，最重要的是知道自己想要什么。并且，她还用那些寂寞的时光，将自己打磨得闪闪发光。

04

不得不承认，越是一个人的时候，越是自我增值的最好时期。我们看过的风景、走过的路、读过的书、遇见的人，都会拓宽我们的眼界，让我们看到更广阔的世界。哪怕是我们偶尔的发呆沉思，也是一种向内审视，自我增值。

在孤独中，我们才能认清自己，看清生活。有的人，在孤独中抱怨；有的人，在孤独中奋斗。抱怨的人，只会越过越孤独；而奋斗的人，则会越过越丰盈。

孤独没什么不好，就看我们如何看待它。可能，大多数人都会害怕一个人，如吃饭得有个伴，逛街得有人陪，做什么事都需要有个人在身边。

可是，人生大部分时间都是孤独的。只有在那些和自己做伴的时光里，我们才能真正按照自己喜欢的方式去生活。或许，是被动孤独；或许，是主动选择孤独。无论何种孤独，都是人生的常态。

默默独行的日子里，奋斗过的点点滴滴，都会成为人生的加分项。所以，不要害怕一个人的时光，要去利用它成就自己，而不是毁灭自己。

真正的出路，是走出自己内心的困境

01

前段时间，朋友小琳打来电话向我报喜，说她马上要出国做外教，心里非常激动，因为多年的心愿终于实现了。

我觉得有些不可思议，上高中时，我和小琳是同桌，我非常清楚她的学习程度，英语并不是她的强项，总是拉低她的总成绩，别说和外国人用英文交流了，即便是上课用英语回答问题，她也是磕磕绊绊的。那时候，任何人都想象不到，小琳会出国当外教。

聊起这些年各自的经历，我对小琳有了新的认识。她一直有一个梦想，就是要把中国文化传扬出去，让更多人学会说汉语。只是上高中期间，她的英语成绩并不算突出，害怕说出自己的梦想会被人嘲笑不知天高地厚。所以，她一直将这个梦想深埋于心。

高考填报志愿时，她的脑海里只剩下一个专业，根本装不下第二个，那就是对外汉语。幸运的是，她刚刚过大学录取分数线。在接下来的几年学习过程中，小琳不断突破自己，坚持早起练习口语，平时周末在外兼职积累教学经验，专业课也从不落下。

很难想象，一个英语成绩并不算突出的女孩，是凭借什么力量，在大学四年里顺利通过英语四、六级考试，在毕业那一年，又通过了专业八级考试。

小琳说，她也怀疑过，自己天生就没有学习英语的细胞，这也因此成为她内心多年走不出的困境。但是，为了能够顺利出国，不用请翻译陪同，她在大学期间下足了功夫学习英语。

平时在餐厅排队打饭时，她都是拿着英语小册子背单词句子，晚上夜深人静时，她便插上耳机，听英语录音，不断尝试与外教老师英语对话，这才有了如今的她。

其实，每一个觉得自己不行，或者不敢正视自己内心的人，无不是渴望只躲在自己可控的范围内生活，因为可控意味着安全。但是凡事追求可控，注定没有什么突破，也许多年后，我们仍然只能在原地打转。

只有当我们敢于跳出内心的舒适区，冲破给自己设定的限制时，才能真正突破自我，遇见更加优秀的自己。不是我们不行，而是我们缺少了一点和自己死磕到底的勇气和决心。

02

写作这段时间以来，我认识了很多优秀的文友，每当感到力不从心时，大家就相互鼓励，争取以最高效的方式走出自己内心的困境。

前段时间，我在写作的道路上又一次进入“瓶颈期”，几天想不出一个主题，身边发生的任何事情都不再激起我的兴趣，更不会在第一时间找到切入点，快速成文，我的大脑常常一片空白。

严重时，我甚至不愿意打开文档，一看到空荡荡的文档就会心里发慌，不知道如何下笔，抑或有一种抗拒感，那是一种自内而外的对写作的抗拒。这种状态持续了很久，我每天晚上用刷短视频的方式麻醉自己，让自己的大脑处于一种兴奋的停滞状态。我以为，这样放纵下去自己就会好受点，可一周不到，我就发觉内心空虚，只想拼命从那个状态里挣脱出来。

我找到我的写作老师，向她倾诉了我的困惑，老师很耐心地开导我：“尽量不要重复那些无用功，要去寻求突破，只有找到属于自己的闪光点，才会让人有耳目一新的感觉。”

其实，我明白老师所说的“突破”，不仅仅是文章内容和语言上的突破，更多的是自我内心的突破，既突破自己的惯性思维，也突破自己的认知局限，走出自己内心的困境。

那一天，老师和我聊了很多，在聊天的过程中，我意识到自己已经慢慢地走出了那个“泥潭”。虽然我知道，这是一条难走的心路，但我似乎有预感，自己能够走出去。

或许，大多数时候，我们走惯了一条路时会害怕变换另一条路。我们不敢打破一直以来的稳定，即使这样的“稳定”，我们并不喜欢，也不愿尝试新鲜事物。其实，真正的出路并不是一条路走到尽头，不回头，不反思。而是在行走的过程中，适时调整自己的规划，该有所突破的时候，一定不要故步自封。

只有真正打开自己的心扉，去接受、去改变、去突破，才能一步一步走向更长远的目标。

03

之前有一位同事，她从开始工作到现在已经快十年了。但当我与她合作时，她总是会说：“我们前些年一直都是这样做的，效果也挺好的。”

她的工作理念一直都是沿用几年前的旧理论，用她的话来说就是：“都用习惯了，再改变的话，还得重新适应。”

当一个人习惯了某种思维方式时，就会限制自己的成长，他不会主动改变，也不会发现自身的不足之处。在这种情况下，就容易安于现状，害怕突破自己内心现有的格局，追求平稳，从而失去发展的机会。但是尝试寻找突破，打破固有思维，才是一个发展型人才该有的能力。

就像心理学家武志红在《拥有一个你说了算的人生》里提到的：“打赢你内在的比赛。”什么是内在的比赛呢？我的理解是，与我们的内心深处阻碍自己成长的情绪和觉知进行对抗。

任何人、任何事物，最怕停止成长、停止发展，一旦安于现状，停止下来，那就意味着在走下坡路。为什么很多人，走着走着就跟不上前面人的脚步了呢？不是能力不行，而是停止了对自我的反思，停止了突破自我的行动力。

真正走得远、走得稳的人，不是局限于眼前、停滞不前的人，而是敢于突破自己、不害怕改变的人。真正的出路，是敢于突破自我，走出自己内心的困境。

走好选择的路，也是一种了不起的能力

01

参加工作的前两年里，我一直在纠结要不要辞职。那两年里，我过得并不开心，崩溃到每一分钟都想逃离。尤其是在被医生诊断为中度抑郁的那一刻，我严重怀疑自己最初的决定是错误的。

当初，我放弃了自己摸索多年的会计工作，转行到从零开始的教育行业。同一年内，我考上了两个城市的正式教师，面临二选一的局面。我仅仅对比了距离，就选择了离家相对较近的 A 市。

刚去的第一个月，我就后悔了，对周围的一切各种不满意。我在心里不断对比：要是去 B 市，肯定就不一样了，肯定各个方面比这里都好。

有了这个想法之后，便一发不可收拾，每当我遇到困难时就开始后悔自己当初的选择。尤其是当我看到一起考去 B 市的小伙伴在朋友圈里秀工作环境时，我就更后悔了。

后来，我和闺密阿琼聊起这个问题，她说："没有一种选择是完美的，你选择了 A 市，后悔没选 B 市。但你就那么肯定，如果你当初选择了 B 市现在就不会后悔了吗？"

的确，答案可能还是会后悔。我一直在纠结的，是对现状的不满意；我一直感到遗憾的，也是已经做出的选择。说实话，即使再让我回到最初，我也不一定会选择 B 市。

因为在当初的那个时间节点上，我并没有经历后来发生的一切，也不知道这个选择会给自己带来什么影响。能够促使我做决定的，还是最初的因素——距离。所以，无论怎么选，我都会有遗憾。

于是，我试着接纳自己选择的生活，结果反而活得更加轻松自在。如今，已是我工作的第六个年头，我早已不再遗憾自己当初的选择。人生总会有遗憾，接纳比纠结更重要。

02

发小莹莹，大学学的是计算机专业，毕业时在老家找了一份工作，还算稳定。一次聊天中她说，她的同学们几乎都在南方大城市工作，工资是她的好几倍，工作环境也比老家好，并且还能开阔自己的眼界，她特别想去，但又害怕去了会后悔。

就这样，她纠结了近一年时间。第二年，她才下定决心辞掉老家的工作，去了南方。可没去多久，她又开始后悔自己的选择：虽然工资是高了，但压力也随之升高了；工作环境是好了点，可上班路上耽误的时间也多了。这一切并没有她想象中那么好，其实仔细想想，在老家安安稳稳也挺好。

最后，她又辞了南方的工作，回到老家找了一份文员工作，虽然也有遗憾，但至少离家近，方便了很多。她说，那次折腾让她明白了：每一种选择，都会有遗憾，与其沉浸在遗憾里，不如走好自己选的路。

所有的选择都存在未知的风险，在没有十足把握的前提下，任何选择都是盲目的。有谁能预测未来，知道哪一条路就是光明大道呢？我们都是摸着石头过河，水深水浅只有走过才知道。

选择一条路，往往就意味着与另一条路失之交臂，有遗憾很正常。选择了好的工作条件，就要接受来自四面八方的生存压力；选择了稳定安逸，就要面对也许平淡无奇的一生。鱼和熊掌不可兼得，选择与放弃之间，总会有遗憾。

03

人这一生，其实面临着很多选择，大到人生规划，小到日常生活，都不会尽善尽美。我们的每一个选择，无论后来结果怎样，至少在我们选择的那一刻一定是符合我们当时的需求的，即使是被迫做出的选择，也是对比之后的最优选择。

若选择之后，这山望着那山高，始终不满意自己的选择，一直惦记着其他选择，只会让自己迷失在选择之中，错过今后更多的选择。

生活很多时候就是这样，充斥着难以选择的选择题。但其实，选择无关对错，也无关好坏，既然选择了一条路，就努力走好这条路。

我看过这样一段话："生命怎么活都会有遗憾，关键在于你怎么去领悟，有时给这个遗憾的部分更崇高的向往，然后尊重、包容它，反而会把这个遗憾的部分变成一种生命力的圆满。"

所以，有遗憾不可怕，可怕的是把遗憾一直当遗憾。其实，我们不必羡慕任何人的选择，能把自己选择的路走好，也是一种了不起的能力。

不要让别人的偏见，左右你的人生

01

我出生在一个偏僻的山村。和我同村的大多数人，都觉得上学不如打工，打工不如回家结婚。因此，很多人早早就辍学结婚生子，我算是一个例外。并不是我比他们多优秀，甚至可以说，我是当初最不起眼的一个，而是我的父母很开明，他们不在乎别人的看法，一心只希望我们姐弟几个好好读书。

初三毕业时，我们班很多人都退学了，我同学的父亲好几次来我家，试图说服我父母，让我和他闺女一起出去打工。

他一个劲儿地对我父母说："女孩家，读那么多书干吗？最后不还是得嫁人？再上三年高中，又浪费三年时间，不如早点出去打工，还能多赚几年钱。"

当时，我特别害怕父母被他说得动心了，不让我上高中。庆幸的是，当我提出要上高中考大学时，父母非常支持我。

虽然我也只是按部就班地学好学校里的课程，按时参加考试，顺理成章地毕业升学，也没有什么过人的成就。就算到了现在，我依然过着和大多数人一样，没有波澜，也没有太多惊喜的寻常生活。

但我依然特别感激当初父母的开明，他们没有因为我是女孩就不让我读书。

我从小所接触到的很多事物都在告诉我：能赚点钱生活下去就行，像读书、发展兴趣爱好这种事又不能当饭吃，离开了学校能丢就丢了吧！

就像我写文，身边人很不理解，经常有人会问我：“看了那么多书，写了那么多文，有什么用？不还得回归生活，过着柴米油盐的日子，考虑每日吃什么蔬菜，喝什么汤吗？”

但是我的父母会告诉我：“别管别人怎么说，你只管努力就行。”尤其是我父亲，没有多少文化的他，却在我偶尔沮丧地想要放弃写作时，对我说：“放弃很轻松，也很容易，但坚持下去，说不定哪一天，写作就会成为拯救你的那条出路。”

父亲的话始终印刻在我的心中，时刻提醒我，无论遇到什么情况，一定不能放弃自己的写作事业，万一哪一天我真的失业了，写作这门手艺至少能让我生存下去。

当然，我并不是说，不上学就一定比上学差，而是我们在求学的路上，读过的书，走过的路，见过的人，会让我们一步一步跳出曾经狭小的圈子，接触到更多、更优秀的人，见识到更广阔的天地。从这一点上来说，读书无疑是最好的选择。

是的，人终究是要回归生活，为一蔬一饭考虑，但人总要为自己找一些有意义的事，不止读书写文，还有很多可以选择的乐趣，才能不辜负自己这只有一次的人生啊！

02

我们班有一位同学，从小就表现出过人的绘画天赋，但身边没有人支持她学美术。

一方面家人没有太多闲钱培养她，另一方面也是最重要的一个原因，身边所有人都觉得学美术没用，不如学好语数英，考个拿得出手、能给大人们撑面子的高分更实在。

刚开始，她也觉得大家说得很对，但当她真正决定放弃学美术的时候，才发现放弃比坚持更难。

后来，她和父母抗争了很多年，父母也没有给她买一套像样的画具。她唯一能依靠的是一支便宜的铅笔，画没了再买一支，这对于她来说也还能消费得起。几年内，她用完了一支又一支铅笔，画了无数幅灵气十足的画。

有段时间，我俩聊起以后的打算，她很坚定地说，不管别人是否支持，她都会坚持画下去。从高中开始，她就一边打工，一边攒钱买画具，报美术班。所幸，她很有天赋，即使前些年没有得到专业训练，也能很快进入状态。高考那一年，她坚持报了外地一所学校的美术专业。毕业后，她在我们市里开了一间工作室。有时候会接一些墙绘的业务，她的墙绘特别受欢迎，市里很多地方都有她的作品。

有一次，她来我们学校做墙绘，我又惊又喜，和她聊了一会儿。看着她愉快地聊着自己喜欢的事，我的内心突然被触动了：怕什么别人的眼光，自己的人生自己做主。

03

人的一生，有很多的不确定性，面对这些不确定性，我们很容易被别人的看法所左右，从而缺乏正确的自我判断，即使是自己坚定不移的决定，当身边人都反对时，我们也会在心里有那么一瞬间的犹豫。

那些只站在自己角度看问题，认为我们怎么做都不对的做法，就成了人们眼中的偏见。相信很多人或多或少都会受到偏见的影响，我们本身也会对别人产生偏见，这都是不可避免的。毕竟每个人的生活环境不同，看待事物的角度也不同，在自己眼里很正常的事情，在别人眼里未必就正常。

正因如此，我们才更不能轻易地评价别人，也不要把自己的想法强加到别人身上，要求别人做出改变。而我们自己在面对别人的偏见时，也不要过分气恼，更不要因为别人的偏见而过分影响自己的判断与决定。

我看过这样一段话：“如果一个人对自己是没有把握的，就很容易在乎别人的看法。”

偏见，你越在意，说明你对自己越不信任，也就越容易忽视自己的真实想法。只有当我们不再在意别人的偏见时，才能真正明白：人生是自己的，我们从来不是活给别人看。

不要让别人的偏见，左右了自己的人生。

真正的实力派，都在不动声色地努力

01

刚上大学时，我身边很多同学对自己学业的要求是，只要及格就行，多一分都觉得浪费，喜欢松散度日，能翘的课坚决不上。

第一学期期末测试成绩出来后，在大多数人都为自己勉强压线，不必补考而感到庆幸时，我们班出了一位厉害的同学小熙。她在全年级八个班级中的总成绩排名第一，每科成绩都在九十分左右，看着小熙的成绩，我们都目瞪口呆了。

平时，也没有见小熙有多用功学习，该参加的社团活动一个也没少，还经常和同学们一起出去玩。我们怎么也想不通，这么好的成绩是怎么考出来的。我们在一起聊天时，简单粗暴地归结为：小熙本身就聪明。

但是我们忽略了一点，她每一门课程的出勤率都是最高的。也就是说，在我们翘课躲在宿舍里煲剧或者睡懒觉时，小熙却是在教室里认认真真地听老师讲课，整理课堂笔记。

记得有一次周末，老师布置了一项会计实账演练的作业，现在回忆起来，那是非常简单的账目。但那时，因为我的基础不好，觉得作业非常难。我心想，小熙那么聪明，这次的作业一定难不倒她。我找到小熙，希望能够参考一下她的课堂笔记，小熙二话没说，就把她的课堂笔记递给了我。

当我翻开小熙的笔记本，看着一页一页密密麻麻的笔记，我顿时明白了：真正有实力的人并不一定有多聪明，而是他们懂得先付出，后收获的道理，年级第一的成绩是小熙默默努力了很久的结果。

02

前段时间，秀姐在水果市场租了一个面积不小的店铺，继续做她的水果生意。只是，这次秀姐不仅零售，还搞起了批发。只看店铺的地理位置就能猜测到，这间店铺的租金一定不便宜，加上水电费、店员的工资，一个月下来的开销，是我们想都不敢想的。

早在七八年前，秀姐和姐夫两个人就在我们街上摆了个小摊，做起了水果生意。那个时候，他们每天起早贪黑，除去每天坏掉的水果，也挣不了几个钱，很多亲朋好友并不看好他们的生意，觉得他们是在瞎折腾。

可秀姐不在意他人的看法，依然每天忙碌着自己的小本生意，从进货的筛选到卖货的方式，秀姐都在一步步的摸索中完善着。

直到几年后，我们才知道，秀姐不但卖水果，她还通过各种途径学习了种植果树的相关专业知识，并且应用到实践中。她和姐夫两人承包了我们山脚下的一大片空地，自己种植各类果树，走起了自产自销的道路。

秀姐能把生意做得这么大，还在于秀姐多年来不断积累自己的人脉和知识，不在乎他人的冷嘲热讽，沉下心来充实自己，为自己打造别人拿不走的实力。

世间之事大多如此，当我们的眼睛紧紧盯着眼前的得与失时，就会因一点小挫败而乱于心；而当我们着眼于更远的目标时，才不会被当下的得与失扰乱前行的步伐。

努力，应该是一种无声的力量，当它积累到一定程度时，力量会更加强大，成效会更加显著。

03

记得有一位文友，她在很多人心中，是如同“神”一般的存在，经常见她的文章在各大公众号上出现，并且常常是那种刷屏级爆文，我们都羡慕不已。但这位文友却非常低调，很少活跃在大众眼前。

有一次，我报名参加了一次写作分享会，正好这位文友也在受邀行列之中，担任那次分享会的嘉宾。她温柔的声音瞬间吸引了我，在分享中，她提到自己经常会收到文友的私信，夸她在写作上有天赋。

她解释说，其实并不是，她在两年前接触写作时，没有任何文字基础，只是在进入这一行以后，她用了半年的时间，领悟写文的方法与技巧，平日里注重素材的收集，坚持日更练笔，电脑里躺着她写废的上万字稿件，才有了今天的成绩。而这期间的努力与付出，如果不是她讲出来，大家自然是看不到的。

我见过有的人每天喊破嗓子要努力，却迟迟不肯真正下功夫。也见过有的人定了目标，却找各种借口往后推托。我自己很多时候也是这样，心里也很明白，那些看似大张旗鼓的努力，实际上可能并非如此，而只是在表演努力。

真正努力的人，是不会时时刻刻把努力挂在嘴边的，而是会用实际行动来证明：努力，绝不是空口白话，说说而已。

我特别喜欢网上的一段话："人生要活出两种姿态，发光和不发光，不发光的时候，都在为发光做准备。"

那些不为人知的努力时刻，或许暗无天日，或许无人问津，但正是那些时刻的积累，让我们有朝一日，在光亮来临时，有能力用双手接住它。

当我们羡慕那些实力超群的大咖时，不妨放平心态，变羡慕为努力的动力，默默地行动起来。

真正的实力派，从来不过分张扬自己的努力，而是会不动声色为自己的以后一刻不停地向下扎根，然后向阳而生。

庸常的日子，也会有光

01

下班的时候，我们五个人的微信群里有人发消息：“又一周了，晚上出去聚餐吧！”其他几个人瞬间活跃起来，开始商量着这次吃什么，去哪里吃。

大家似乎都很期待偶尔出去放风，哪怕就是在路边吃个烧烤，喝杯汽水，也心满意足。

看着大家不同于上班期间的严肃劲儿，我突然有点感慨。我们五个人的家都是外地的，平日里回家的机会不多。又因为我们是在山村里工作，周围能玩的地方都在几十公里以外。所以，我们每天除了上班忙工作以外，下了班后的生活非常单调。

除了偶尔会加班，其他时间无非就是一起煲剧，看电影，或者在一起跑步运动。最多出个门，去镇上的小超市里买一些日用品，或者是小零食。对于我这种不爱吃零食的人，逛超市也不能激起我的兴趣。

每次我都是在不得不买一些急需的东西时，才会懒洋洋地骑车出门，日子平淡得不能再平淡了。

有时候，看着日子就这样庸常地度过，我心里多少也会觉得不够有趣。可人一旦在一个环境里待久了，反而不想再折腾了，甚至还会在心里安慰自己：平平淡淡才是真。

这当然只敢在心里想想，我害怕说出口，别人会说：“你的人生才刚刚开始，怎么就泄气了呢？”

可能在大多数人眼里，像我这样的年纪正是该活得热气腾腾的时候，不该向世俗生活低头。

有时候，我也会忍不住这样想，自己二十几岁的年纪，活得还不如一些网络上七八十岁的老奶奶有活力，确实有点说不过去。

02

后来，有一个同事提议，每周出去聚餐一次，既能放松身心感受生活，又能改善一下伙食，大家愉快地同意了。就这样，我们每周都会抽出一天，下班后什么事也不做，驱车到三十公里以外的市区聚餐。

现在网络发达，我们会提前在网上订餐，等我们到达地点，饭菜便可以上桌。我们会尽量节约吃饭时间，吃过饭再去周边逛一下。酒足饭饱，散步消食之后，每个人的心情都好像变得轻松了不少。

为了能让生活不再那么了无生趣，我们几个人又开始尝试更多的生活方式。因为是在乡下，空闲的地有很多，我们几个人就分别开辟出一块菜地，种上自己喜欢的蔬菜——生菜、油麦菜、茼蒿……

每日下班后，我们一起到菜地看一看，浇水施肥，除草翻土，也真是体会了一把农民伯伯的艰辛。不过，好在我们的心里是开心的。

看着那一块块土地，从原来的杂草丛生到如今长满了蔬菜，都是自己心血倾注过的痕迹，想不开心都难。

春日里，我们几个人一起沿着山间小路去挖各种各样的野菜。回到住处时，忙碌便开始了：挑拣、清洗、晾干水分，拌面粉，上蒸笼蒸熟。厨房里飘出的野菜清香，混合着大家的嬉笑声，会让人有一种错觉：生活，其实也没有想象中那么无趣，这或许就是我们对抗平淡生活最好的方式了。

03

我在朋友圈里发过一段话：**“生活，就是一日三餐，一年四季。你来到人间，在人间走上一遭，看看早起的晨光，送走渐渐消散的晚霞，如此便已经很美好！纵使庸庸碌碌，也仍然让人充满期待。”**

生活嘛！更多的还是由一些零碎的日常串联而成。即使那些表面上看起来光鲜亮丽、生活看似精彩纷呈的人，也总要落到衣食住行这样的日常上。

曾经，在网上看到一张别人拍的精致生活照，我忍不住惊呼：“这样的神仙日子，我何时才能拥有？”拿给朋友看时，朋友来了一句：“不否认，真的有人正在过这样的生活，但自己的生活哪怕平淡如水，也更值得去品味。毕竟，这才是我们实实在在正在经历的生活啊！”

说实话，很多时候，我会忍不住对比自己和别人的生活。总觉得别人怎么能把生活过得那么美好，而自己的生活为什么总是一种灰蒙蒙的、看不见光的感觉。

后来，经历得多了我才发现：**生活，过得本就是一个心态，外在环境如何，是次要的，重要的是要有一颗“修篱种菊”的心。**

如此一来，即使再庸常平淡的生活，也会被我们过得充满烟火味儿。

有一种智慧叫，允许自己暂时慢下来

01

前段时间，我的小舅突发脑梗住进了医院。小舅年纪并不大，不过四十岁出头，虽说小舅得这种病让人很意外，但细细想来，却也在情理之中。

小舅从二十几岁时就开始开长途货车，常年作息不规律，昼夜颠倒。开一次长途，最少也要一天一夜，而在这期间，小舅很少能按时吃饭，再加上经常夜间开车，又休息不好，经年累月，身体一天不如一天。小舅又是一个特别上进的人，每年除了过年会休息一两天，几乎没有休息日，并且一干就是十几年。

家人都劝小舅不要那么拼了，该慢下来时一定要慢下来，再这样精神紧绷，不按时吃喝，身体迟早要垮掉的。

小舅却从来不放在心上，照样还是保持快节奏，高运转，不肯慢下来，更不愿意停下来。正因如此，小舅的身体在前段时间出现了异样，送到医院时小舅就已经陷入昏迷状态。经医生抢救，小舅有幸捡回一条命，但身体状况再也不允许他开车。小舅这才不得不慢下来，安心养病。

在这快节奏的时代里，我们习惯了加快脚步向前冲。殊不知，当我们高速运转的时候，身体也同样承受着巨大的压力，一旦压力达到极限，其势必会反噬我们的健康。

我们看似得到了很多，其实失去得更多。只有暂时慢下来，养精蓄锐，才能轻装上阵，走更远，得更多。

02

有一段时间，我因为身体原因，停笔了两个月，等身体稍微恢复之后，我就急匆匆地投入到写文中。可后来的情况是，落笔无言，状态不佳，头脑不灵，文章枯燥无味。

我和文友丽丽吐槽，自己快废掉了，一篇文章都写不出来，焦虑到崩溃，本就睡眠不好，又因此失眠了好几天。丽丽安慰我，可以从自己最擅长的文章类型写起，慢慢找感觉，写文是一辈子的事，不用太着急，把身体养好，才是最重要的。

的确，我就是太心急了，想快速进入写文状态，却不曾想，自乱阵脚，思维受限，很难进入最佳状态。越是想要快速实现某个目标，越是容易出错，这样一来，反而很难达到自己满意的效果。后来，我让自己暂时慢下来，从观察生活开始，慢慢找回写文的感觉，才使自己的焦虑得到了缓解。

其实，生活中很多压力都来自我们心太急，着急出成绩，着急看到回报，着急比别人强。可越是急功近利，越是心浮气躁。

03

我看过这样一则寓言：

一群人急匆匆地赶路，一个人突然停了下来，旁边的人奇怪地问他："为什么不走了呢？"

停下来的人淡然一笑，开口说："走得太快，灵魂落在了后面，我要等等它。"

我们在着急赶路的时候，更多的是追求一种速度，往往会忽略过程中需要精益求精的细节，甚至我们还会因为走得太急而忘了当初为什么出发。

快，本身没有错，错的是我们对"快"的理解。我们若把"快"仅仅当成一种速度而不讲质量的话，那么越快越糟糕。欲速则不达，真正的"快"，是一种敢于慢下来的心态，而非简简单单的速度。慢即是稳，慢即是快。

就像很多时候，我们可以允许自己暂时慢下来，而这个"慢"并不是说彻底停下来，什么也不做，而是给自己一个缓冲的时间，调整好自己的状态，再继续前进，这样效果会更好一点。

慢，是一种心态，也是一种智慧。

懂得适时慢下来的人，也不会真正"慢"到哪里去。真正有智慧的人，都允许自己暂时慢下来。哪怕暂时落后，也会态度从容，扎扎实实走好每一步。不急不忙，从容淡定，才能稳步向前。

你的不同，并不丢人

01

我是一个很不合群的人。

从上学起，我就喜欢一个人，无论做什么事，都很少需要人陪。上大学时，我们宿舍一共八个人。她们都喜欢抱团取暖，吃饭、上课基本上都在一起。只有我经常一个人，穿梭于宿舍和教室之间。

刚开始，我并没有觉得这样有什么不好。直到有一次，我进宿舍时，听到她们在背后议论我："性格太古怪，一点也不合群，太无趣了。"那一刻，我突然觉得，是不是我的性格真的有问题？我是不是应该试着去融入她们的世界？

从那以后，我就很介意别人说我的性格，哪怕别人夸我独立，我也觉得是在说我不合群。有时候，我甚至会为这样的性格而感到丢人。那一段时间，我过得很纠结，试图和她们走得近一些，和她们一起煲剧、看电影、逛街，甚至还玩起了自己从来都不玩的游戏。我努力让自己看起来有趣一些，也努力让自己看起来合群一些。

然而，这些并没有让我快乐起来，反而因为强迫自己合群，打乱了自己的生活节奏。该读的书没读完，该学的东西也没学好，期末考试还差点挂科。看似我离人群更近了，实际上，我的内心却更加孤独了。

后来，我不断审视自己，不断调整自己的状态。终于在大三那年，我回归了一个人的状态。我清楚地知道，自己需要的不是勉强融入一个不适合的集体，而是一个人也能把生活过好的底气。

一个人生活，完全可以按照自己的节奏，把生活过成自己喜欢的样子。不用为了谁，而改变自己；也不用为了谁，而委屈自己。

别人眼里的我们，或许与这个世界格格不入，但这并不是我们自卑的理由；别人眼里的我们，或许有太多的不同，但这并不妨碍我们照样可以活得热气腾腾。

不合群，没什么大不了。

02

读者清扬，曾讲过一个自己的故事。

> 前几年，他出国留学，为了能攒够每一个学期的学费，他同时打了三份钟点工，每天晚上都是九点以后下班。晚上下班到家，开始补当天的作业。结束了之后，他才能拿出自己喜欢的书沉浸其中。而这个时候，往往已经是夜里十一点左右。为了能多看一些书，在课余时间别人疯玩时，他都用来看书。
>
> 因为身处异国，买书并不是最好的选择。因此，他每周都会去图书馆借够一周看的书。工作不忙的时候，他就拿出随身携带的书，蹲坐在角落里看。无论在学校，还是在工作的地方，他都是一个很不和谐的存在。

经常有同学或者同事开玩笑说他装斯文，整天抱着一本书啃。还有人“教育”他，青春就是用来挥霍的，若都用来看书，那该多无聊啊！应该像他们那样，好好享受自己的青春。

所有话语的背后，都藏着一句潜台词：你和我们不同，你这样过不对。清扬却不这么认为，他一直觉得，人要有自己的生活方式，哪怕和别人不同，哪怕被别人嘲笑，他依然愿意用自己喜欢的方式，过好这一生。

对于那些充斥在耳边或嘲讽或玩笑的话语，他都一笑而过，继续沉浸在书的世界里。清扬没有因为自己与别人不同就选择放弃自己的生活方式，去过别人眼中所谓的正确的生活，这是清扬最让我佩服的一点。

他有自己明确的目标，不会因为别人的眼光而做出改变，也不会因为别人的一句话就对自己产生怀疑。他的内心是坚定的，坚定地选择了自己的生活理念，也坚持了与别人的不同。

人人生来不同，这世界上从来没有完全一样的两个人，即使面貌相似度很高的双胞胎，也有不同之处。与别人不同，并不意味着我们就是错的，我们就不如别人。或许恰恰相反，我们的不同，才是自己最难能可贵的地方。人活于世，总要活得“不一样”点，才对得起独一无二的自己。

03

这个世界，有太多相似的东西，相似的发型和妆容、相似的服饰和背包，甚至相似的工作和人生轨迹……但凡流行，皆可相似。但最大的不同就在于，人与人本质上是不同的。每个人的生活背景不同，所接触的人和事不同，对生活的认知和态度自然也各不相同。

或许现在的我们，正因为自己的性格和别人有所不同，而深感自卑；或许现在的我们，正因为生活方式和别人不同，而暗暗发誓要改变。可真正改变了，未必就是自己想要的结果。

心理学上有个词叫"从众"，指的是当我们在群体的影响和压力下，放弃自己的意见或违背自己的观点，使自己的言论、行为保持与群体一致。

很多人觉得，在和大家保持一致的情况下，自己就是安全的，才有归属感。殊不知，越是这样，越是容易"泯然众人矣"。

04

这也恰如古斯塔夫·勒庞《乌合之众》里的一段话："人一旦到了群体之中，智力就严重下降，为了获得所谓的认同，愿意抛弃是非观念，用智商去换那份让人感到安全的归属感。"

如何做到不从众，无论在何种压力下，都可以"放肆"地做自己，才是我们一生最重要的事。

斯科特·派克在《少有人走的路》里也写道："人，生来不同。所以每个人不得不解决的问题之一，就是他们的独特性，他们自己的与众不同，以及学会在与别人相处时在这方面做出妥协。正因为不同，所以我们每个人都有自己特殊的才能，自己特殊的职业。"

我们的不同，并不丢人，反而如果我们违背自己的意愿，选择和众人走一样的路线，才是人生最大的损失。

永远记得，我们自己才是不一样的烟火，没必要为了追随大众，把自己打磨成同一个模子出来的样子。

正是我们的不同，才让我们与众不同。一千个人，就有一千种活法，没有一种活法是可以完全复制的。接纳自己与别人的不同，才是活出真实自我的开始。

不要忘了自己的节奏和使命，也不要忘了自己最初的模样，虽然我们不完美，但我们无可替代。

为什么比你忙的人，反而比你有时间

01

去年暑假，我信誓旦旦地和我先生说："难得一个多月的时间，我坚决不能浪费。"为此，我做了很多计划，看书、写文、锻炼身体……上班时没时间做的事，我都列在了计划列表里，就等着假期里大干一番。

按说，时间这么充足，我应该很充实才对，可直到假期结束，该看的书没看，该写的文也没写，身体不仅没锻炼，还被自己毫无节制的熬夜熬坏了。

睡一个懒觉就能把我一天的计划全部打乱，导致自己一整天都不在状态，一天一天浑浑噩噩地度过，各个方面都没什么长进。生活节奏越是混乱，我就越是颓废。每当先生问我，你的书看了没，你的文章写了没有的时候，我都没好气地回答他："每天忙成什么样你没看见啊？我哪有时间看书写文？"

可我每天真的很忙吗？回头看去，做家务花不了我多少时间；平时也不用怎么操心工作上的事，就算偶尔有材料需要上交也花费不了太多时间；孩子很乖，父母白天帮忙照看，我有大把的时间做自己喜欢的事情。

可我却一直在心里暗示自己：我真的很忙，我没时间做其他的事情。久而久之，在这种暗示下，我就理所当然地放弃了那些我喜欢的事情。

很多时候，我宁愿刷剧，看电影，哪怕在沙发上干躺着，也不愿拿本书看看，更别说写文这种需要动脑筋的事情了，能不写就不写。

我总是一边浪费时间，一边安慰自己，我的时间都用来洗衣、做饭、照顾孩子了，没有时间干自己喜欢的事情也很正常。

说到底，不是我没有时间，而是我的惰性在作祟，宁愿无所事事，也不愿用当下的时间精进自己。

02

认识一个做自媒体的姑娘，她从三年前开始坚持"日更"，坚持到现在。我一直以为她是全职写作，可就在前段时间，听了她一个线上分享课，才知道她是兼职写作。她白天驰骋职场，晚上坚持看书写文。

最令我惊讶的是，她还是一个"宝妈"。我们很好奇，每个人一天都只有 24 小时，她怎么会有那么多时间，干那么多事情？又是怎么做到忙而不乱的？

她告诉我们：她并没有什么过人的技巧，只是坚持每天早上五点起床，写作两个小时。白天上班，下午六点下班回到家，简单做点饭吃，打扫一下家里的卫生，晚上八点到九点是亲子时光，九点哄娃睡着之后便是她看书的时间。这样的生活，她已经坚持了三年。

说实话，我也尝试过早起，但没坚持几天就打了退堂鼓，回到了睡到不得不起的状态。

她也会利用日常的碎片时间进行阅读，上下班的路上，吃饭空隙，甚至上卫生间的几分钟也不放过。我想起我的碎片时间，都是用来刷朋友圈，在网上闲逛，能用来学习的时间很少。我这才明白，人与人之间的差距，很多时候就在于对时间的管理与利用。

这个姑娘之所以看起来有很多时间，只不过是把别人用来休息的时间充分利用了起来；把别人刷手机的时间，用来做自己喜欢的事情。并且能够严格按照自己的计划来，这种自律的态度使她能够真正做到忙而不乱。

我们对待时间的态度，往往藏着未来人生的状态。

03

我一直在思考一个问题：为什么那些比我们忙的人，反而比我们有时间？可能，最主要的问题在于对待时间的方式，当我们在说“没时间”的时候，是真忙还是以忙为借口让自己偷个懒？大多数时候，我是给自己找了个偷懒的借口，偷身体的懒、偷头脑的懒、偷时间的懒。

我也和很多人一样，总是说着自己没时间，却总是有时间闲聊、刷剧、找人闲逛。一天、两天看不出与他人的差距，时间久了，差距自然就出来了。

拿读书来说，我们一天抽出 1 个小时看书，一年就是 365 个小时。和从来不读书的人相比，我们就多了 365 个小时的知识储备。

时间，最公平不过，我们过一天，别人也过一天，因此，如何过好这一天，就显得格外重要。对于敬畏时间的人来说，每分每秒都可利用；而对于缺乏敬畏心的人来说，时间不过是一分一秒流逝的数字而已。

我听过这样一句话："世间有许多人比我们忙得多，许多人的学问都是在忙中做成的。"

在快节奏的生活中，想找到一个不忙的人不容易，想找一个在忙中做成很多事的人，便更加困难。越是真正忙的人，越是有清晰的时间目标，不会让每一分钟白白浪费掉。

所以，不是比我们忙的人本身比我们的时间多，而是他们懂得如何利用每分每秒。我们不浪费时间，时间也不会亏待我们。

最大的自由，是学会与自己相处

01

我刚上班的时候，除了忙工作，还忙着抱怨，和“志同道合”的同事一起怨声载道。如果办公室里谁起一个话题，你不参与，就显得很不合群，久而久之，就会被孤立。被孤立的后果就是，单位有什么事儿，你不会在第一时间知道。似乎这样的人，就显得与这个集体格格不入。

同事晓迪说，刚开始，她也是参与到谈论当中的一员。一天的时间，除了工作，就是谈论领导好坏，家长里短，除了能够激发自己更多的负能量，再无其他。

直到换了新办公室，晓迪不再试图和大家打成一片，宁愿被大家认为不合群。晓迪开始在工作之余，忙一些其他的事情，看一些教育类的书籍，或者在心里复盘一下这一天的工作情况。她会自觉屏蔽那些言论，任他们怎么讨论，她都坐在自己的位置上，安安静静地做自己的事。

剥落现实生活繁华的外衣，才能看到生活最本质的面貌。我想，独处才是给枯燥乏味的生活一个最好的调味剂。

叔本华曾这样说过：“只有当一个人独处的时候，他才可以完全成为自己。谁要是不热爱独处，那他就是不热爱自由，因为只有当一个人独处的时候，他才是自由的。”

独处的时候，那种与自己心灵对话的状态就是一种自由。只有那个时候，我们才能面对最真实的自己。

02

在网络上认识一个网友，她平时有自己的工作，业余写作，并且坚持输出，文章质量也非常不错。有一次，她在公众号里发了一篇文章，决定退隐三个月，我发消息过去询问原因。她称自己要去老家的山里闭关三个月，完成自己的长篇故事，她喜欢那种独处的状态，只有让自己的心沉淀下来，才能更好地出发。

并不是说，独处就非得去一个人迹罕至的地方，而是即便在人潮涌动的都市里，也有能力给自己的心创造一个安静的环境，保持自己内心的独处，养成独立思考的习惯。

我在朋友圈里发过一个心情：7∶30 是一个临界点，隔绝了山川与湖海，早！我认为早上 7∶30 之前是属于自己的时间，早起吃饭，锻炼身体，听书看文都是自由的。一旦过了 7∶30，我就要去工作，成为领导的“左膀右臂”。单位成为“战场”，同事成为“战友”。枪林弹雨，都要用身体去挡；人声喧嚣，都要用精神去对抗。一整天下来，精力已经消耗得所剩无几。

很多人或许都有过这样的体验，虽然面对现实的纷纷扰扰，依旧面带微笑，依旧坚强乐观，但其实早已封闭了自己的内心。那种微笑，只有自己知道，是没有灵魂的，也是没有温度的。

为什么有那么多人不喜欢在下班时间，依然随时待命？原因大概就是，在那些连轴转的时间里，属于自己的时间已经太少了，再搭上自己的下班时间，即便身体不说话，心灵也会被折磨得伤痕累累。

所以，我不认为一个一天二十四小时被工作缠身、不懂得独处的人，在工作上能做出什么成绩来。每一个人都有在休息时间拒绝一切不合理要求的权利。

03

蒋勋曾说："我可以孤独吗？我常常静下心来问自己，我可以更孤独一点吗？我渴望孤独，珍惜孤独。"

我们不妨也问问自己，我们可以孤独吗？想必，大家心里已经有了自己的答案。

蒋勋在《孤独六讲》里也曾对孤独做出了别样的分析："孤独没有什么不好，使孤独变得不好，是因为你害怕孤独。"

把孤独升华为独处，尝试一个人时，我们会发现，独处真的没有那么可怕。相反，它会成就我们的特立独行，让我们站在人群中时，熠熠生辉。

村上春树在《当我在谈跑步时我谈些什么》里也写过一段自己的生活状态："每天有一两个小时跟谁都不交谈，独自跑步也罢，写文章也罢，我都不感到无聊。和与人一起做事相比，我更喜欢一个人默不作声地读书，或全神贯注地听音乐。只需一个人做的事情，我可以想出许多来。"

当看到这一段话时，我的内心被触动了，在我二十岁左右的时候，我会去追求热闹的生活，忙着交朋友、忙着谈恋爱、忙着用外在的喧器填充自己内心的空虚。

现在回忆起来，不过是自己当时害怕孤单、害怕落单、害怕成为同学中的异类。我忽视了自己内心的真正需求，无法与自己安静地相处。所以，在后来的很长一段时间，我试着接受“人生本就是孤独的”这样的事实。

现在，在我工作的这几年里，我终于找到了和自己相处的更好方式，那便是“独处”。我宁愿被别人认为不合群，也要和独处时的自己相拥，一个人看书、一个人写作、一个人逛街、一个人做很多事情，虽然会有点孤单，但也给了自己足够的时间，与自己的内心坦诚相待。

人这一生，最大的自由或许就是要学会与自己相处。只有自己，才是最懂自己的那个人。也只有自己，才是陪伴自己最久的那个人。

纯粹的人，离快乐最近

01

前几天，和朋友聊到一个作者。

因为这个作者太火了，我忍不住感慨道："他真是太厉害了，我什么时候才能像人家那样写出名啊？"朋友打趣我说："你已经很火了啊！你看，我都知道你的大名。"

我知道朋友是在变相地安慰我，只是我的心底泛起了一种鄙视，是对现在的自己不够纯粹的鄙视。

回忆起来，我的处女作是刚上大一时写的一篇小说，那篇小说是根据自己的真实经历改编的。当时，纯粹是因为我在高三时，暗恋过一个男孩，毕业时又没有勇气去表白，就这样遗憾地错过了。那种遗憾的情绪憋在心里，找不到任何表达方式。为了能给自己的情绪找一个出口，我在一个周末起了个大早，跑到学校的网吧里开始了我的创作。我一直记得，当时的自己为了避免后面有人看到我是在写小说，故意坐在网吧最后一排的角落里，边写边哭。

那个时候的表达欲实在是太强了。说实话，我和那个男孩，也就同班了半年，连十句话都没说上，就连联系方式，还是毕业时我从同学录上偷偷抄下来的。

现在回忆起来，能有多少感情，居然被我写了两万多字。但不得不承认的是，在写的过程中，我的内心是畅快的，是那种完全纯粹的畅快。不是为了发表文章，也不是希望被人看到，更不会想到能不能赚稿费，就是为了表达自己，抒发自己内心的情感。那是一篇哪怕一辈子被雪藏，我也写得很认真的文章。因为，能够纯粹地去表达，我就是快乐的。

02

在我还没有进入新媒体写作圈之前，那种仅仅为了表达自己而提笔写作的时光，持续了好几年。后来，因为我改变了自己的职业道路，中途转行到一个全新的行业，需要我花费更多时间和精力去学习新的知识和技能，有两年时间，我几乎停止了写东西，也很少看关于文学方面的书。等到我工作稳定了，心也算安定下来后，我才又开始每天看书，写一些小感悟，小随笔，还写了一些小说。

那个时候，我也没有想过，看那些书有什么用，写那些东西有什么意义，对自己的人生有没有影响，而仅仅是自己的一个爱好。一天不读书，就会觉得少些什么；一天不写点东西，就觉得一天白过了。

哪怕读的很多书，看起来真没有什么用，写的东西也多半是“自嗨”，虽然那段时间过得散漫无节奏，却是我到目前为止过得最怡然自得的一段时光。

现在，我过得越来越不纯粹，也越来越不快乐。最初那种简单的想法，被我慢慢地从自己的生命中剔除掉，取而代之的是一个又一个更加“贪婪”的想法。比如，我上稿了一篇文章，就还想上稿第二篇文章；上稿了这个平台，却还想攻下那个平台……我一直想着怎样才能写更多别人认可的文字，赚更多的稿费。

不是说有这样的想法不好，而是对我而言，当我的欲望在慢慢扩大的时候，内心的焦虑、不甘，甚至对自己的无能为力，都在侵蚀着我的内心。这种负面情绪的滋生，就是因为我想要的太多，而能力却又达不到的痛苦所致。

只是，我早已忘了，自己当初的愿望仅仅是：这辈子若能上稿一篇文章就不算白活。就这么简单。

03

有很长一段时间，我对写作到了厌烦的地步。我宁愿坐着发呆，也不愿意打开文档写作；我宁愿听歌，也不愿意听书；我宁愿陪娃，也不愿意看书……我厌倦了那种每天为了找素材、找灵感，刷手机刷到手臂抽筋，眼冒金星，走路想着写文，睡觉梦到写文的日子……我只想回归自己的正常生活：一日三餐按时吃，一年四季尽情过。不想每天被写不出好文章、找不到好素材、打开电脑就崩溃的焦虑感包围。

记得那时候，我最喜欢坐车，因为我坐车时，看手机会头疼晕车，我就可以以此为借口，不去看手机。美其名曰是为了保护自己的身体，其实不过是想给自己一个什么也不用想、什么也不用看的机会，彻底放空自己。这样一来，我的内疚感才会减少那么一点点。

后来，我竟然能连续一个月不看书，也不写文，这样看似很爽，内心却十分煎熬。这在我没有进入写作圈之前是从来没有出现过的现象，除了转行那段时间，是真的顾不上看书写文之外。

我不再随时随地找选题，找素材；也不再看书、看电视时，拿笔记录了，我完全处在堕落的状态里无法自拔。我心里很清楚，这是我丢掉纯粹的后遗症。

丢掉纯粹之后，写作不再是我心中最爱，读书成了找写作灵感的工具，看电视不再是一种放松和消遣，就连出门吃个饭，都是为了找素材，我连最基本的生活也没有了……没有了表达欲，也没有了写作欲，甚至连打开电脑文档的欲望也没有了。我离快乐，越来越远……

有时候，我会想，难道我要一辈子过这样的生活吗？直到后来，我的闺密说了一段话："你最大的不快乐，就是因为你把自己那颗纯粹的心弄丢了。你即使写，也不再是写你自己想写的东西，而是另有所谋。"

我必须得承认，闺密说得很对，我的确是另有所谋，谋钱、谋名、谋自由……只可惜，到现在，我一样也没有谋取到。

04

经历了这么多，我也真正明白了：纯粹不是无欲无求，也不是为了一些世俗上的成功改变自己的初心，让自己变得空洞而没有灵魂。而是在追求理想的道路上，能够跟随自己的内心，做自己喜欢的一切。

都说，越是纯粹的人越能感受到快乐。也就是说，并不是纯粹的人没有烦恼，而是他们能够摒弃那些诱惑，坚持做最好的自己，走适合自己的路，坚定地去追求自己的终极目标。做一个简单纯粹的人，才能全身心地投入自己的生活里，去热爱自己的热爱，享受自己的享受，不用考虑是否有意义，也不用急于要结果。

就像开头我提到的那个很火的作者，他最开始写作的时候，就很纯粹。他坚持更新，分享自己看过的书，分享自己的读书感悟，说他佛系一点都不为过，但就是这样一个看似无欲无求的人，却出名了。

无心插柳柳成荫，这或许是纯粹的力量。也许，只有纯粹的人，离快乐才是最近的吧！

余生，只愿自己，纯粹简单，做一个虽然寡言、心里却有一片海的人。

心中有光的人，不怕路长

01

去年我教初二数学，有一个学生让我印象深刻。小姑娘不是班里成绩最好的，也不是最有悟性的，但她学习的毅力让我叹为观止。

几何，对于空间感知能力比较弱的学生来说，无疑非常困难。这个小姑娘就是对空间感知能力较弱的学生之一。很多次我在黑板上画几何图形，她都是眉头紧锁，死死地盯着黑板，由点及线的图形看得她一脸茫然。

几何学得很吃力的同学不止她一个，其他人似乎都是一副听天由命的样子，但小姑娘从来没有退缩过。每次下课，我前脚刚离开教室，她后脚就跟了上来。她把课堂上没听懂的问题都抄了下来，逐一找我问。

很多时候，我都会借用一个立体物件展开，帮助她想象。刚开始有一点难，我也能明显地察觉到她的痛苦。不过时间长了，她也慢慢开了窍。后来，即使离开了图形展示，她也能悟出做题的方法，课堂上也能慢慢地跟上我的讲课节奏。

她曾私下告诉我，她想考我们市里最好的高中，但就怕数学把总分拉下来。前不久，我收到她报喜的消息，她马上就要去自己梦寐以求的高中报到了。其实我一点都不意外，这么肯下功夫，还有什么目标不能达成呢？

无论是学习还是生活，面临阻碍，我们唯有跨过去才能继续前行。一味盯着眼前的困难，自然是痛苦无比；若能把视线延伸，看到远处的希望，哪怕是座山也能翻过去。心中有光的人，不怕路长。

02

朋友小夏念的是中文专业，研究生毕业后没有参加工作，和几个好朋友办起了国学辅导班。国学辅导班在我们本地没有先例，大多数家长对这门学科没什么概念。相对于英语和奥数这类火热的辅导班来说，国学实在是太不吃香了。

开班的时候，只有三个学生，还都是同事亲戚家的孩子。但小夏丝毫不气馁，她印了一批宣传单，一到节假日就守在人流量多的商场门口发传单，跟家长普及国学的重要性。遇到客气的家长能多交谈几句，遇到不客气的家长就直接被人甩脸子。

那一年，小夏吃了不少苦。为了节省租房开销，她白天在班里上课，晚上关了门，就在教室里打地铺睡觉。为了节省出更多的时间备课，她的饮食都安排得相当简单，方便面和外卖交替着来。

黑夜尽管漫长，但总会迎来曙光。第二学期，小夏陆续招到了第四个、第五个学生……第三学期开始的时候，生源基本上稳定了。如今，小夏的辅导班在我们本地已做得相当有口碑。

小夏说，第二学期那半年是最难熬的。创业初期的激情早已消磨殆尽，却依然见不到什么起色，沮丧的时候真是分分钟想甩手不干了，但想到自己已经熬了那么久，就想再多坚持一个学期，万一有转机呢？

有句话说：“人类的一切智慧都包含在等待和希望里。”所谓的信念，不过是承受着厚重的苦与难，却依然相信道路前方有希望，愿意等待黑暗尽头的曙光。

03

上初中时，我有一个同学林美，很喜欢画画。学校的美术课一周只有一次，大家都是匆匆完成老师布置的作业，然后等着下课，有的同学坐在一起聊天，有的同学在纸上画方格下起了五子棋，真正沉下心来作画的人却极少。

而林美总是一个人在角落里聚精会神地画画，从来不加入我们的谈话。除了每周一次的美术课，每天放学后，林美还会背着画架去画室练习，安安静静地画上半个小时再去吃饭。林美画画的习惯一直保持到了高中，并以美术特长生的身份考入了一所一本院校。

有一次我去逛街，在一条繁华的商业街上，看到大家都在围观，我凑近一看，是林美在作画。她眼神专注地盯着画板，笔尖勾勒出坐在她前面模特的画像，后面是“林美美术工作室”。那一刻，我才明白，有人生来就是为梦想而生。

任何人在梦想面前，都是渺小的存在。有些人认为梦想很远，与其做无谓的挣扎，还不如舒舒服服地混日子。不愿为梦想付出半点努力，梦想自然会变得遥不可及。而有些人，却一直在追梦的路上，即使脚下坎坷也愿意披荆斩棘走下去，梦想也会越来越近。

那些最终能让梦想落地的人，都是比别人承受了更多、努力了更久的人。梦想越是高远，过程越是艰辛，唯有挺得过黑暗，才能迎接光明。

第二部分

要始终相信，你配得上更好的生活

当我们真正为生活努力过，才会懂得生活到底有多好。至少，我们有把生活变得更好的主动权。

不是快乐太难，而是我们太容易忽略生活中的快乐。

人生的路要靠自己一步一步走下去，唯有自救，才意味着内力在起作用，也意味着一个人真正开始成长。

生活的底色，丰富多彩

01

前段时间，我去小姨家玩时见到了小姨的女儿畅畅。之前我一直以为，她毕业后留在了外地工作。没想到，从去年毕业到现在，她一直在家闲着。这次看到畅畅颓丧的状态，我很难将她和之前那个元气少女联系在一起。

小姨让我好好劝劝畅畅，哪怕出去散散心也行，不要总是闷在家里。能看得出来，小姨已经无计可施了。

我和畅畅闲聊了一会儿才知道，她保研时，因为差了一个名额没有拿到保研资格。自己参加统考时，又因为英语发挥失常，差了一分，错过了自己心仪的学校。最后，被调剂的学校她又不想去，干脆选择了放弃。出去找工作时，也是各种不顺心，不是待遇不好，就是工作环境不好，找了一段时间她逃回了老家。她说，在她的周围，保研成功的人不少，出国留学的人不少，被大公司录用的人也有很多。唯独她是一个非常失败的人，要什么没什么。

看着她自暴自弃，一副很颓废的样子，我忍不住和她说："再多的不顺也不能成为颓废下去的理由，你要对自己负责，对自己的人生负责。若一直以这种状态走下去的话，别说现在会很艰难，怕是人生之路也要被自己断送了。”

我知道，我的话有些重了，但对畅畅来说，应该会有所触动。在后来的几次见面中，畅畅的状态渐渐地有所改变，不再是之前那副生无可恋的样子了。甚至后来几次见面，她还主动拉着我，和我聊关于我发在平台上的文章，问我最近读了什么书，有没有可以推荐的书。

我们这一生都会经历很多不如意，很少有人能一直顺心顺意。越是不如意的时候，越是要给自己一点向上的力量。走出去，才能见到那一束光；走不出去，就只能满眼黑暗。我们生活的状态，其实来源于我们的内心。内心积极向上，生活才会光芒万丈。

02

最初写文时认识一个朋友小七，坚持早起看书写文，晚上睡觉前再看两个小时的书，这种状态她已经保持了三年，除了特殊情况，几乎每天都是如此。她说，在没有走上写文这条路的时候，她是一个很没有上进心的人。

她说自己在工作上，只要不出大问题，能过得去就行，也不会特意去提升自己，完全就是温水煮青蛙的状态。在生活上，也没什么追求，没事就打打游戏，打累了就倒在床上睡觉。更别说看书了，书架上的书早已落满了灰尘，她也很少碰过。

直到有一天，她开始接触写作，接触到了一群对生活充满激情的人，她才发现自己以前就像咸鱼一样，简直是在浪费生命。从那以后，她重拾年少时期的梦想，每天像打了鸡血一样，争分夺秒地看书、写文、学习新知识。

她说自己以前刷朋友圈，是为了看大家都在干什么，现在刷朋友圈则是为了收集素材；以前刷微博是为了消遣，现在则是为了找选题……

她说，她从来没有像现在这样充实过，觉得自己的人生有了更多的可能性，这是以前的自己所不能体会的。现在，她已经是圈内小有名气的写手，也是很多人心目中的榜样。

对大多数人来说，最让人着迷的生活不是无所追求、得过且过。而是那种用力踮起脚尖就能触碰到希望的生活。停下来放空自己，的确是驱散疲惫很好的途径。但若长期这样，毫无节制地放空自己，丧失了前进的动力，也没有为自己的未来拼一拼的勇气，就会失去掌控自己人生的主动权，只能被生活拖着往前走，走到哪里也不是自己说了算。

当我们真正为生活努力过，才会懂得生活到底有多好。至少，我们有把生活变得更好的主动权。

03

生活有很多种过法，最糟糕的便是：用自己最差的状态，无限循环每一天，把每一天都过成同样死气沉沉的样子。

以前，我们总觉得这样的生活很舒服，什么也不用想，什么也不用做，只需要彻底放松就行。但时间长了，就会发现，这样的生活是在终结以后更多的可能性。

我们懒得去改变，也不去反思这样的生活有什么不好，因为我们已经麻木于这样的生活，不愿跳出来。只有当我们从那样的状态里跳出来时，才会真正明白：只有用尽全力创造生活的时候，生活才会反馈给我们更多意想不到的收获。

生活，从来都不该只有一种状态，任由自己懒散下去。它可以有很多种状态：积极上进、有所期待、忙闲有度……

给自己定个小目标，让自己有事做，然后慢慢地朝自己喜欢的方向去努力。这其实远比我们待在原地强很多。去过自己想要的生活，去做自己想做的事情，把生活过成丰富多彩的样子，而非模式单一且糟糕的样子。这才是生活最该有的底色。

不怕吃苦，生活才不会苦

01

我之前带过一个实习生小范，师范院校本科毕业，学历在一众实习生里不算低，加上专业对口，领导对小范的期望值还是挺高的。可实习期结束时，学校第一个辞退的就是小范。

平时，小范上午跟着我听课，下午参加学校新人教学研讨。每周四，所有实习生再各自准备一节公开课，学校领导挨个儿听课评课。只要紧跟学校进度，自己平时再下点功夫，到实习期结束，转正肯定是没有问题的。

可小范的问题就出在，听个课三天打鱼两天晒网，备个课也不愿多下功夫，该做 PPT 时偷懒不做，该查的资料不查，最终导致知识点领悟不透，每次讲课都磕磕绊绊，效果不好。

经常听到小范在办公室里抱怨，工作太累了，又得备课，又得参加研讨，一节课得试讲好几遍，还有各种杂事，简直要命啊！偶尔加个班，小范更是找各种理由推托，一次两次还好说，次数多了，领导就有意见了，好几次在例会上公开批评小范。最后，实习期结束时，别的小伙伴都留了下来，只有小范被辞退了。

无论想入哪一行，都少不了付出时间和精力，一味地害怕吃苦，选择抱怨和逃避，被淘汰就是迟早的事。看似小范逃避了工作上的苦，可她的每一次抱怨，都是将工作上的苦转化成了心里的苦。她在工作上的每一次投机取巧，都限制了她的成长。到头来，不仅丧失了自己的斗志，还距离自己的人生目标越来越远。

生活的确有苦的时候，可真正的苦，在于不愿意吃苦。只有吃该吃的苦，才可能收获该收的果。

02

在我老家附近，有一对夫妇是出了名的吃苦耐劳。

印象中，在我上初中的时候，这对夫妇就骑个三轮车，挨个儿村落卖蔬菜。我们老家离蔬菜批发市场比较远，来回需要两三个小时。可是无论刮风下雨，这对夫妇每天早上到我家门口时，时间都不超过七点。也就是说，他们两人要想批发到新鲜蔬菜并在 7 点前赶到我家附近，就要在早上两三点起床赶往市场。

我原本以为，蔬菜批发回来直接卖就行了，很简单。后来，我才知道，蔬菜批发回来还要整理成易卖的小捆，把好的、差的分开来卖。很多蔬菜容易蔫掉，还需要不断打理才能卖上好价格。若没有一点吃苦精神，是很难坚持下来的。可他们这一坚持就是十多年，这其中的艰辛恐怕也只有他们自己最清楚。

他们家的蔬菜每次都很新鲜，夫妇两人也很实在，所以生意一直很不错。前段时间回老家，正好碰上他们家新店开业，我去捧了场。看到他们俩满面笑容下难掩的沧桑，我终于明白了：正是因为夫妇俩多年来，不管风吹日晒始终不松懈，才换来了如今相对富足的生活。

夫妇俩看似吃了很多苦，实则这些苦都转化成了生活对他们的馈赠，使得他们的生活越来越好，形成了良性循环。

一个人之所以愿意吃苦，并不是因为他喜欢吃苦，而是他知道，每一分苦都有它存在的意义，或让我们自身更强大，或让我们生活更美好……

吃苦的意义，也不仅仅在于吃苦本身，而是从吃苦中学到更多的经验，运用到自己的生活，为生活带去动力。那些愿意吃苦的人，终将被生活温柔以待。

03

当然，我也并不是说非要吃苦才能过上自己想要的生活，而是当我们还能为自己的人生搏上一搏的时候，不要让自己活得太安逸。

一个人越是想着如何少吃苦，越是会吃更多生活的苦。我们大多数都是平凡人，做着平凡的工作，过着平凡的生活，吃苦或许不能彻底改变我们的平凡，但不愿意吃苦可能连改变的机会都没有。

不愿吃苦，说到底不过是想不劳而获，可当我们真正过上不劳而获的生活时，我们的追求在哪儿？我们的人生价值又在哪儿？我们只会失去自己的主动权，被生活拖着走。

生活向来是公平的，过早为自己选择一条安逸的道路，只会让自己越来越习惯于平庸；如果能在该吃苦的时候，选择不畏惧吃苦，生活才会越过越好。

不怕吃苦，生活才不会苦。

先要苦上一阵子，才能甜上一辈子

01

这几天，我听到最多的话就是：“别那么闷闷不乐了，只要你努力生活，生活一定会越过越好的。”

那天，我和安姐开车去市里给一个文件盖章，去得有点匆忙，没有规划好出行，连是否限行也没有查。由于开车时间太长，我的精神有点恍惚，本应该停下来休息，但事情要紧，只能马不停蹄地赶时间。结果在一个小路口差点闯了红灯，幸亏安姐及时提醒我，才幸免于此。我坐在驾驶座上，把头深深地低了下去，听到自己的心“扑通扑通”地狂跳，我趴在方向盘上小声抽噎。

安姐在旁边用手拍拍我的肩膀，示意我绿灯了，我赶紧抬起头，重新启动，后面一连串的喇叭“嘀嘀嘀”的声音把我瞬间“嘀”醒。过了路口，安姐劝我先靠边休息一下，这样的状态不适合继续前进。

我们在停车休息期间，突然发现来来往往的车辆车牌尾号都是偶数。我赶紧拿起手机搜限行公告，结果公告上清清楚楚地写着“单日单行，双日双行”，我们被限行了。

我心中十万个不愉快，恨不得抽自己两巴掌，做事竟然不周到这种地步，心情糟糕到了极点，那一瞬间，我感觉自己是世界上最不幸的人，我抱起安姐痛哭起来。安姐等我哭够了，从包里拿出一颗糖果递给我，然后缓缓地开口：“生活呢！就如同这颗糖果，没有剥开时，你是尝不到它的滋味的，只有当你真正把它剥开，放进嘴里慢慢品尝，才会发现原来如此甜啊！”

生活在处处刁难我们的同时，也给我们准备了丰厚的礼物，而这个礼物在我们看不到的地方正闪闪发光。我们要相信，生活一定是朝着好的方向发展的。

02

没有谁的生活是容易的，大家都是在苦海里奋力往前游。

那天，我和一个同事聊天，聊起一些难忘的事。

她说，去年冬天，因为连下暴雪，家离单位又远，为了不迟到，她和另一位同事凌晨三点半起床，步行上班。清冷的夜色，皑皑的白雪，寥无人烟的街道，还有一眼望不到头的前路……她们一边小心翼翼地搀扶着往前走，害怕一不小心摔个仰面朝天，一边又祈祷着，打卡之前一定要走到单位。

雪连续下了近一个月，地面的积雪有一尺多厚，她们也曾想过请假不上班，但一想到一个班的学生在教室里眼巴巴地等着老师上课，她们就放弃了请假的念头。

后来有一次，路上遇到一辆面包车，她们拦下来，说尽好话，一人掏了一百块钱，司机才同意载她们一程。她们原本以为会早一点到单位，可谁曾想，在路上车子出现问题熄火了，需要推一段路才有可能重新启动。

于是，她们听从陌生司机的建议，卖力地推着笨重的车子，也不知推了多久，车子终于启动了，司机却没有停车的意思，只是从窗口吆喝了一句："车子不能停了，怕再熄火。"然后，司机加了油门，开车扬长而去，留下气喘吁吁的她们面面相觑。

等她们到达单位时，迟到了一个多小时，她们两个人沮丧极了，不仅钱被骗了，还迟到了。我问她们当时有没有崩溃到想哭，她说："哭也没用，生活从来不相信眼泪。"

的确，无论遇到再大的困难，生活如何荆棘丛生，哭泣永远是最没有用的。只有迎难而上，才能攻克难关，如果故步自封，只能被难关消磨。

03

听父亲讲，当年，我大伯是他们那届学生中学习最好的，老师对他的期望也最高。但那时家里穷，弟兄几个只能穿一条裤子，谁出门了谁穿，长了就挽起来，短了就露脚踝。

鞋子也是连一双像样的都没有，不是脚底破了大洞，就是脚尖开了个口，也是谁出门谁穿那双好的，在家走动就穿破洞的。饭从来没有吃饱过，有红薯吃就是最大的幸福。大伯就在这样的生活逼迫下，初中毕业就选择了打工养家，老师来家中相劝好多次，都没能改变大伯的决定。

大伯外出打工，做最脏最累的活，挣了钱也舍不得花，全部寄回家里，当作弟弟妹妹的学费。大伯用自己的牺牲，换取了弟弟妹妹的前程。父亲说，他穿的第一条新裤子，还是用大伯挣的第一笔工资扯的布料。

虽然大伯上学的路断了，但他从来没有放弃过学习。在那个物资匮乏的年代，大伯始终保持着看书的习惯，因为买不起书，他就租书看。

后来，父亲家的生活慢慢改善，大伯才敢少买一些书。到现在，虽然大伯的眼睛已经老花，但他戴个眼镜也仍然坚持每天读书，大伯说："物质可以匮乏，但内心不能匮乏，只有读书才能让生命更加丰盈。"

大伯这一辈子，虽然没能完成学业，但他在读书中找到了自己活着的意义。他总是告诫我们这些晚辈："生活啊！可以暂时失望，但不能长久的绝望，生活总是会越过越好的，读书就是最好的出路。"

04

路遥在《平凡的世界》里有一段话让我的印象特别深：**"一个平凡而普通的人，时时都会感到被生活的惊涛巨浪所淹没，你会被淹没吗？除非你甘心就此而沉沦。"**

我很佩服这部作品里的孙少平，无论在多么艰难的生活条件下，他总能以一颗饱满的心对待生活，不放弃自己的追求，不放弃自己的坚守，相信生活一定会更好，苦痛与挫折都是他成长过程中最大的勋章。

作为尘世间平凡的我们，生活里总会有各种各样的酸甜苦辣，只有当我们品尝过生活的苦之后，才会遇到真正的甜。重要的是，不要着急，我们总会先苦上一阵子，然后才能甜上一辈子。

你热爱的生活里，藏着无数“小确幸”

01

我的同事小雅似乎总是不快乐。每次见到她，都是一脸愁容，眉头紧锁的样子。

有一次，我在办公室整理资料，听见小雅抱怨，中午的饭菜辣椒放少了，醋又放多了，面条太硬，蔬菜不熟，总之各种不合口味。

我们都安慰她，晚上下班回家，可以自己做一些好吃的，缓解一下心情呀！她又不开心了，开始抱怨领导太偏心，这周她的工作量比上周多了两倍，连休息的时间都不能保证，做饭更是奢侈，只能随便做点将就一下。

我们也不好再说什么，但小雅有些不尽兴，继续在那里生闷气。办公桌上的废纸成了她的出气筒，被她揉成一团一团的，扔进垃圾桶里。

她经常挂在嘴边的一句话就是：“生活为什么只对我不好，你们似乎都没有什么烦恼。”

其实，生活中的每个人都有各种各样的烦恼，只是有些人善于把烦恼埋藏在心里，有些人却喜欢把烦恼当成抱怨讲出来。

小雅就是那种喜欢把生活中的各种烦恼拿出来无休止诉说的人。别人安慰的话，到了小雅那里，也不起什么作用，她始终对周围的一切都不太满意。其实，她最大的不开心，不在于生活中没有能让她开心的事情，而在于她对待生活的态度。她总是悲观地看待生活，生活自然不会以笑脸相迎。她活得累，别人看得也累。

都说“相由心生”，心里永远装着不开心的人，很难有嘴角上扬的喜悦感。不是生活中烦恼太多，而是这种人的世界里，收藏的快乐太少。

当我们发自内心微笑时，生活才会看起来不那么糟糕。

02

我看过作家姚瑶在书中讲过的一段经历：

> 在某一年新年到来之际，她将家里彻底打扫了一遍，整整忙了两天，扔掉了上百件东西，丢了十几趟的垃圾。
>
> 忙完这一切，她已经腰酸背痛，和先生一起瘫坐在厨房的地上。但这些苦和累，并没有影响她的心情。而是坐了一会儿，她就欢喜地跑去门口贴对联，这副对联还是她亲笔写的。
>
> 虽然字写得非常幼稚，但贴的过程非常快乐。
>
> 很多时候，我们想要获得一份快乐，并不会太难。就像作者在书中写的：“我虽然并不总是快乐的，但我非常容易快乐。”

生活中，快乐其实很简单，一杯温度刚刚好的牛奶、一块刚烤好的面包、清晨的阳光、雨后的彩虹、刚晒好的棉被、温暖舒适的沙发……这些看似平凡的日常里都藏着快乐的源泉，就等我们去发现。当我们看到生活美好的一面，就能感受到更多的快乐。

快乐，与其说是一种奢侈品，不如说是一种人人都可以有的能力。当我们能感受到牛奶的温度、面包的香气、晴天有晴天的舒服、雨天有雨天的乐趣，内心便会产生一种满足感。而这种满足感，就是一种简单的快乐。

所以，快乐并不难寻找，就看我们是否有一颗能感受快乐的心。

03

很多人会问：为什么人越长大，越觉得不容易快乐了？

我想，大概是因为小时候的我们，想要的东西不多，一块糖就能开心半天；一句夸奖的话，就能驱散很多不愉快。随着年纪越来越大，我们想要的东西越来越多，反而没有小时候那么容易满足。得到了 A，还想要 B；得到了 B，却还想要得到 C……

当我们的欲望得不到满足时，就会失落难过，觉得生活亏欠了自己。可是，当我们回过头来会发现，生活赋予我们的并不少。很多东西都是唾手可得的，春日的繁花，夏日的绿荫，秋日的落叶，冬日的飞雪……生活里，这些点点滴滴的小美好，无时无刻不在向我们招手，只是我们匆忙赶路，无意中错过了它们。

只有当我们认真生活，才会猛然发现，生活的滋味并不是只有苦涩，还有各种各样的甜味儿。不是生活的甜度不够，而是在大多数人心里，苦涩的滋味往往更容易扎根在心里。甜蜜的滋味，却容易随着时间的流逝，渐渐变淡。

不是快乐太难，而是我们太容易忽略生活中的快乐。要知道，我们热爱的生活里藏着无数看似不起眼的“小确幸”。一生不长，只愿我们尝遍生活的苦，仍能快乐恣意地活。做一个眼中有风景、心中有喜悦的人。

如果，你觉得很累很累……

01

前几天，闺密盈盈因为过度劳累，晕倒了。

我到医院时，她已经醒了，看到她还抱着电脑忙工作，我有点心疼，也有点来气。看着她蜡黄的脸色，我没忍住，劝她把电脑关了，赶紧休息一下。谁知盈盈头也没抬，一边工作，一边和我解释，这个项目她已经跟了一大半，只剩下最后一点，不能耽误公司的进度。

我清楚盈盈的性格，无论是学习还是工作，她总是很要强，事事追求完美。经常一个人加班到深夜，问她累不累，她永远一副“累也得撑住”的样子。在我们几个好朋友里，数她的电话最忙，不分白天黑夜，也不分节假日，只要是工作上的事，她都十分上心。

前段时候，她在群里晒她升职了，要请我们几个小姐妹吃饭。没想到才过去几天，她就累倒了。我离开医院的时候，盈盈仍然在处理工作，我削了一个苹果递给她，让她照顾好自己的身体。她有些疲惫地点点头，还安慰我没什么大事，不用担心。回家的路上，我给盈盈发微信：累了，就停下来歇歇吧！身体最重要。她没有回我，但我知道，她很累，只是不愿意说。我能理解，盈盈那种哪怕累到住院，也不敢停下来的心理。

成年人的世界里，没有谁是容易的，每一个人身上都背负着一定的责任与担当。我们或许都想停下来，但一看卡上的余额，再看看周围都是努力的人，就不得不收起自己想要偷懒的心，哪怕再疲惫，也还是抬起头向前走。

只是我们往往很容易忽略一点，人不是永动机，需要停下来补充能量，需要给自己解压，才能更稳、更快地走好人生这条曲折而漫长的路。

02

就像我自己，有时候也会累到精神崩溃。

前段时间，我在医院给宝宝看病，由于人太多，我们需要等待。宝宝正处于下地学走路的阶段，根本不让人抱，只想让人扶着在地上走。在这期间，我弯着腰，扶着孩子走了一个多小时，几乎没有直起腰的机会，背上还有一个双肩包，放着孩子的各种日常用品，沉得要命。最后，轮到我们看病时，我才发现我的腰根本直不起来了，特别疼。那一刻，我鼻子一酸，眼泪差点流出来。

医生给宝宝看完病后，我让医生帮我看看腰，谁知一看吓我一跳，我被诊断为腰肌劳损，拍片子显示，我的脊椎也有点变形。医生很干脆地给我推荐了一个正骨医院的主任医生，让我下午赶紧去看看，需要针灸还是吃药，正骨医院的医生在这方面更专业。临走时，医生还不忘对我说:“姑娘呀！你这多半是累的，回家得多休息啊！”

我一想，我怎么能休息得了呢？工作上，每天都需要站七八个小时，还要不定时加班。回到家里，还有精力旺盛到令人崩溃的宝宝，晚上能把人熬到没脾气，打也不是，骂也不是，只能忍着、陪着、熬着……只有当宝宝睡着了，才难得有属于自己的时间。可是，到那个时候我又根本不舍得睡觉，想要争分夺秒做一些自己喜欢的事，看几页书，写一篇文，或是看一部喜欢的电影。身体就这样一点一点被透支，一天不如一天。

直到后来，除了腰疼，连我的身体内部也出现了问题，气血两虚，需要长期喝中药调理。在花了几千块钱，吃了三个月的中药，还是没能补上来时，我才意识到：不能再这样消耗自己了，累了就稍微缓一缓，不再给自己那么大的压力。

不知道从什么时候起，我们都变成了不敢停下来的陀螺，忙和累成了很多人的生活常态。我们听了太多激励人上进的话，却很少有人和我们说，别把自己逼得太紧，别让自己活得太累。生活的常态不应该完全被忙碌充斥，而是要学会，该放松的时候放松，该休息的时候休息，做一个允许自己脆弱的人。

03

在这个快节奏的时代里，每个人都有太多的追求，每天马不停蹄地学习工作，生怕一不小心就被别人甩在了后面。对自己的要求越来越高，对自己也越来越狠，却唯独把自己的疲惫不堪隐藏了起来。别人看到的我们，是光鲜亮丽的，是笑容满面的。可是，只有我们知道，那不过是咽下了苦和累之后的伪装。

很多人应该都有这样的时刻，面对外人时，我们是最坚强的儿女、父母、员工或老板；只有面对自己的时候，才是最脆弱、最真实的那个自己。

有时候，或许我们会突然觉得自己很累很累，想要放空自己，不和任何人说话，也不去迎合任何人，只想安安静静地做自己。只是我们害怕自己一旦停下来，身边的人就会纷纷超越了自己。

可要明白，人生就是这样，有人走得快，有人走得慢，并不是所有人都必须按照一样的节奏去生活。

我们可以慢一点，也可以停下来歇一歇，最重要的是做什么都不要三心二意，休息的时候就安心休息，忙碌的时候就全力以赴。

越长大，我越觉得，生活不是一根紧绷的弦，而是一根可以收缩的弹簧。别把自己绷太紧，人生才会有回旋的余地。

如果你觉得很累很累，不要想太多，给自己一个放松的机会，好好睡一觉，醒来又是美好的一天。暂时停止脚步，不是退缩，而是为了更好地出发。

照顾好自己，才能照顾好生活

01

前段时间，我觉得自己的生活糟糕至极。每天醒来，面临的除了哭闹的孩子，还有做不完的家务。一想到还有一大堆工作要做，很多材料需要上报，线上、线下的工作培训均需要参加，我就感到窒息。

一天 24 个小时，我最多睡 5 个小时。印象最深的一次是，前一天夜里我一点多才睡，早上六点多被孩子吵醒之后，一整天都没有再休息。上午带孩子出去玩了半天，中午工作群里有一项紧急任务，要求在下午四点之前完成。

我一看，这项工作的难度超出了我的想象，连午饭也没有顾上吃就抓紧时间投入工作。忙到下午四点时，群里已经有人完成了工作，而我还有一点收尾工作没完成。我有些着急，和领导沟通之后，他又多给了我 20 分钟。

由于中午没有吃饭，我饿得实在无法集中精力工作，吃了几口面包勉强垫了垫肚子，才又继续把剩余的工作完成。当时，我已经完全没有力气再干其他的事情，一心只想躺到床上睡觉。可孩子又哭着要我抱抱，我烦躁地对孩子发了脾气，自己也忍不住哭了起来。过后，我特别后悔，毕竟我也是崇尚“爱与自由”教育理念的人。孩子只是想让我抱抱，这么简单的一个要求就让我失去了理智。我十分愧疚地和孩子道了歉，强打着精神陪他玩。

那一刻，我真的好累，身心俱疲。我觉得自己的生活一地鸡毛，曾经追求的美好生活似乎只能成为幻想。书架上的书，早已成了摆设，文档里的文章，写了个开头就没有了下文。自己的身体也一日不如一日，不是胃疼，就是头疼，总之浑身上下没有一处舒服的，只觉得年纪轻轻的自己，已经拥有了衰老的身体。

似乎在我的生活里，永远有洗不完的衣服，拖不干净的地，还有一堆不得不做的工作，混合着孩子的哭闹声，真让人感到无可奈何。

02

我一度觉得，自己活得很失败，不仅身体没有照顾好，生活也过得一团糟。

近些年，许久未见的朋友看到我的第一眼时说出的话，意思都出奇一致：

“你怎么沧桑成这样了？看你这么瘦，风一吹就飞了！”

“你平时不吃饭吗？瘦成这样？”

“肉眼可见地老了，你到底经历了什么？”

“看你脸色暗黄无光的，你是怎么了？”

……

每当听到这些话，我都只能苦笑。是啊！我到底经历了什么，把自己折磨成现在这个样子？明明没有生孩子之前，我还是人见人夸的小仙女，不说有多漂亮，但至少元气满满。

甚至有很多人把我当成高中生，而如今，再也没有人这样形容我了。

有一次，我带孩子去大学城玩，看着眼前一个个年轻的面孔，我忍不住看了看后视镜里的自己，真的是老了。光看我黯淡无光的眼神、下垂的眼角、凌乱如草的头发，就觉得自己老了不止三五岁。

以前，我很少化妆，可自从发现自己整个人的状态不太好时，我便开始给自己化妆。只是再好的化妆品也抵不过自己由内而外透出的疲惫感，一脸老态是任何妆容都修饰不了的。

生活于我，变得沉重而难熬。而我于生活，也丢失了太多笑容。有时候，我会抱怨，生活为什么总是对别人仁慈，而对自己残忍？

后来，当我重新审视自己的生活时才发现：生活对谁都一样，只是自己的心态，从原来的积极向上，变成了如今的低落悲观。当我觉得生活太难，自怨自艾的时候，生活其实也在渐渐地摧毁我，甚至抛弃我。可当我换一种积极的心态看待生活的时候，生活似乎也没有多糟糕。

孩子的哭闹的确让我崩溃，但孩子的软萌也能治愈疲惫不堪的自己；家务活实在让人很烦，但做家务的过程却可以让我的头脑暂时放松，不用去想那些伤脑筋的事情；工作的确一大堆，但是工作不仅可以养活自己，还能充实自己，让自己的生活有盼头。

生活的魔力，或许就在于：它让我看到了它糟糕的一面，让我看到糟糕的生活里，那个更加糟糕的自己。但同时，它也让我看到了它美好的一面，让我看到了美好的生活里，那个更加美好的自己。

03

我看过一句话："生活能治愈的，永远是愿意变好的人。"

后来，这句话就一直藏在我的心里，每当我觉得生活很难，自己失去动力的时候，就在心里默念这句话。

生活，永远是一个动态的过程，不会一直糟糕下去，也不会一直让人难过下去。总有一天，生活会朝着更好的方向发展，我们也会遇见那个更好的自己。与其等着生活来拯救自己，不如先学会对生活微笑，尝试着自愈才能被治愈。

生活的真谛，或许从来没变过：先有好的自己，才会有好的生活。就像长久以来，人们对生活的经典比喻："生活就像一杯水，你放糖，它就甜；你放盐，它就咸。结果怎样，全在于自己放了什么。"生活，或甜或咸，愿我们都会一直甜下去！

你在消耗情绪的时候，情绪也在消耗你

01

周末，先生开车送我去医院看病。

路上挤满了车，我们走一步停一步，早上六点多出发，到医院已经八点多。本来身体就不舒服的我，又因为一路堵车，莫名的火气从身体的各个神经末梢涌入心脏，让我瞬间觉得，再没有比此时此刻更糟糕的心情了。

好不容易找到一个停车位，还被旁边一辆车加塞挤了进去，我们眼睁睁地看着已经到跟前的车位就这样没了，气得我特想开口骂人。

进入医院又到处都是人，排队排到接近十一点才轮到我抽血化验。可没想到，就在我往医生那儿去的时候，前面有两个人二话没说插队到我的前面。这完全出乎我的意料，大屏幕上显示的名字和医生喊的序号明明就是我，没有错啊！可那两个人就当没听到，也没看到，忽视我的存在，先我一步坐在了就诊椅上。

当时的我，早已因为几个小时的排队，失去了耐心与理智，情绪瞬间就爆发了。我上前和那两个人理论："大家都是排了这么久的队，现在轮到我了，你们凭什么插队？"

那两个人可能也没想到，我会因为这点小事导致情绪如此激动，先是愣了一下，然后一副理所当然的样子和我辩了起来。最后，在先生的劝说下，我才停止了理论，让她们先看病。

可我的心情却糟糕到了极点，心口堵得难受，眼泪也不争气地流了出来。先生看我委屈得直抹眼泪，安慰我道："你是出来看病的，不是出来消耗情绪的，他们插队确实不对，但你不能拿别人的错误来惩罚自己啊！"

我心里其实很明白先生的意思，但我还是控制不住自己的情绪。直到走出医院，我仍然处在愤怒的情绪里不能自拔，看什么都不顺眼，就连走个路也差点撞了人，这样的情绪让我一整天都浑浑噩噩的。

直到晚上，我冲了热水澡，钻进舒服的被窝里，糟糕的情绪才稍微缓解，也慢慢想通了：愤怒、伤心、不甘心，都是因为情绪在控制着我的理智，让我无法和自己的情绪和平相处。

情绪，是最伤人的利器，我们能控制它，它才不会伤害我们；若我们控制不住它，任由它蔓延至整个内心，它一定会张牙舞爪地对我们发起进攻，消耗我们的能量。

我们能做的，不是被糟糕的情绪迷了心智，而是要尽快想办法解决眼前的问题，不过度沉浸于自己愤怒的情绪中，及时从糟糕的情绪里脱身。

02

这让我想起前段时间发生的一件事。

趁天气不错，我和闺密阿闪出门游玩，我们提前做好了攻略，打算当天晚上就返回。可事情偏偏特别不凑巧，在我们走了一半路程时遇到了严重的交通事故，不得不绕道行驶。而绕道行驶就意味着原本的计划被打乱，当天能不能返回便成了一个未知数，未知也就代表着恐慌。

在那个时候，其实我们的情绪就有一点小小的波动了，但还没有到太严重的地步。我们调整好心情，绕到另一条路上走。那是一条特别窄的路，遇到顶头车就需要靠边停车，等对面车过了之后才能继续往前走，这期间耽误了我们不少时间。

就在我们又一次停车让行时，一件糟心的事情发生了。一辆电动车不顾两边车辆错行，直接从两车错开的夹缝里往前面冲。结果，我们的车被电动车撞了。我们赶紧下车查看情况，电动车车主想趁机溜掉，阿闪赶紧上前拦住。没想到，车主还振振有词地说："你们能开得起车，还剐蹭不起了？"

这是什么逻辑？我的三观都被颠覆了，撞车的人反而成了有理的一方，而我们这受害者反倒成了被谴责的对象，我很不爽地和他吵了起来。看他始终没有要赔的样子，我拿起手机假装报警吓唬他，可对方根本不怕，还蛮不讲理地指着我们的车说："你看看你们的车，剐蹭多少痕迹了，都破成这样也不在乎多添一条痕迹吧！还报警？警察来了也没用。"

他这种无理强占三分的样子让我感到怒不可遏。最后，围观的人越来越多，对方拒不赔偿，我们只好自认倒霉，旅游的好心情就这样被毁了。计划好的旅游，也因为这次事故取消。返回的路上，我和阿闪在聊这件事时，又因为有点不太投机，拌了几句嘴。大家一路上都气呼呼的，哪里还有什么心情旅游。

人在面对突如其来的糟糕事情时，似乎总是会有那么一瞬间的情绪失控，甚至大脑空白，导致我们没有办法进行正常思考。这时候，情绪就会控制我们的行为，让我们不由自主地跟着潜意识里那个顺从情绪的小人走，做出一些让自己都觉得很不可思议的行为。

这也让我更加明白，遇到问题时，尽量先平复情绪，而不是让情绪控制自己的行为，导致更糟糕的后果。及时控制情绪，才不会受情绪的过多影响。

就像美国著名心理学家安东尼·罗宾斯说过的一句话：**“成功的秘诀就在于懂得怎样控制痛苦和快乐这股力量，而不为这股力量所反制。”**

人在情绪爆发时，想要马上停止愤怒并不是一件容易的事情。当我们在面对令自己愤怒的事情时，试着深呼吸十秒钟，及时进行情绪调节，等到再做出反应的时候，情绪可能就会更容易归于平静。

03

在我印象中，同事小蓉似乎是一个情绪特别平稳的女孩，和她在一起，会觉得生活似乎永远是美好的。

记得有一次，我们几个同事因上班迟到了一分钟被领导在大会上点名批评。事后，我们几个在一起互吐苦水，一整天的工作都不在状态。到了晚上睡觉的时候，我们几个人还被糟糕的情绪笼罩着。

同事小蓉却显得非常淡定，她看着我们苦大仇深的样子，缓缓地开了口：“这次迟到被批评，下次就争取不再迟到，领导自然就不会再批评，不要因为这一点小事，影响自己一整天的状态。否则不仅工作受影响，连自己的生活也会受到影响，那样只会更加痛苦。”

仔细想来，小蓉的话不无道理，当我们把目光集中在事情糟糕的一面时，很难看到其积极的一面，心情自然不会好起来。如果我们一直处于这种情绪的旋涡中无法自拔，心情势必会一直糟糕下去，还会形成恶性循环。我想，这样的结果一定不是我们的初衷。

所以，与其被消极的情绪所困扰，不如跳出消极情绪的旋涡，认真审视自身的不足之处，尽力去完善自己，尽量不被情绪所伤。发泄情绪，是人的一种本能，而不让情绪消耗自己的能量，则是一种本事。遇事不被情绪左右，静下心来分析问题，找准问题出现的原因，并用恰当的方式去解决，才能使情绪的破坏力度大大降低。

04

美国社会心理学家费斯汀格曾提到："生活中的10%是由发生在你身上的事情组成，而另外90%则是由你对所发生的事情如何反应所决定的。"

这也类似于心理学家埃利斯提出的情绪ABC理论，A指的是那些我们无力改变的事件本身，B指的是我们如何看待这件事，C指的是我们在想法的影响下内心所产生的情绪。也就是说，事件A并不是引发我们情绪的直接因素，情绪是由我们看待这件事的态度所引起的。

人们都说控制得了情绪才能做情绪的主人。其实，控制并不是让我们压抑，而是适当改变我们对某件事的态度。可以允许有坏情绪存在，但不要被坏情绪过分影响自己的生活，这才是重中之重。

那些坏情绪的叠加，会让我们不甘、让我们难过、让我们发火、让我们愤怒，甚至让我们感到绝望……情绪的内耗，不仅削弱了自己内心的力量，还会伤害自己的身体。真正有智慧的人懂得及时止损，不过分消耗自己的情绪，也不被情绪过分地消耗。

这三个人生真相，越早看清越好

01

你拯救不了任何人，除了你自己

或许是职业原因，我形成了一个固定思维，看到不上进的人总想拉他一把，拯救一下。

我的另一半，是一个安于现状、甚至有点不思进取的人。每次我回到家，看到的永远是他斜躺在沙发上，疯狂地打着游戏，连我进门都不能引起他的注意。他喜欢熬夜刷视频，边刷边笑，晚上不睡，白天不醒，对自己的人生也没什么规划，得过且过。

看着他不求上进的样子，我有些受不了，决定对他进行“思想教育”。可是，无论我说什么，他都听不进去，还总说“你想努力，自己努力好了，干吗要拉着别人一起努力？”把我气到吐血。

不过我还是忍了下来，想要再拉他一把。这一次，我换了一种更含蓄的方式：和他谈我的人生规划，试图用我的目标去感染他。我一厢情愿地认为，他肯定会有所触动。但我错了，我激情昂扬的演讲不仅没能触动他，还把他激怒了。他直接怼了我一句话：“我天生就这样！努力不了。”

这下换我怒了。我发完飙，便下单给他买了一堆励志书，希望能对他有所帮助。可最后励志书都被我看完了，人家根本连翻也没翻一页。

这下我彻底没招了。

我开始反思自己，也必须得承认：人生到最后，活的是自己。即使两个人在一起了，但人生还是自己的。

我拯救不了其他人，一个一心只想坐在原地的人，我拉不起，也推不动，到最后只能伤了彼此的感情。我终于妥协了：其实，人是不需要被拯救的，人需要的往往是自救。

我曾被一段话深深触动："心之何如，有似万丈迷津，远亘千里，其中并无舟子可渡。人，除了自渡，他人爱莫能助。"

人生的路要靠自己一步一步走下去，唯有自救，才意味着内力在起作用，也意味着一个人真正开始成长。

02

比起成功，你的健康更加珍贵

我的骨子里，是一个一直在路上、根本停不下来的人。但从孕晚期开始，我基本上处于停滞状态。

那时候，身体上的不舒服倒是次要的，最重要的是，我的头脑变懒了，我懒得思考，懒得去接触新事物。也就是在那两个月里，我什么也没干，就等着孩子的到来。我心里想着，等孩子满月了，我再努力也不迟。

可真到了那个时候，我又开始焦虑了，身体里有两个我在打架，一个想努力，另一个却想休息。想努力的那个我，因为身体没有恢复好，心有余而力不足；想休息的那个我，因为整日困囿于生活的琐碎中，什么也没干成，而烦躁不安。

我就在这种焦虑的状态下，独自撑过了一年的时间。等到孩子终于可以稍微放手，我决定大干一番时，才发现自己的身体已经快毁了。我不得不一边喝着中药，一边拼命工作。

有一天，我终于忍不住，在微信上和一个朋友诉苦。我对她说："我真的很崩溃，简直快疯了。"

朋友告诉我："你要先好好调整自己，不要勉强自己去努力。你可以不努力，但是要健康，要爱自己。你倒了，你崩溃了，毁的不止是你自己。"

看到这些话，我瞬间泪崩了。我总是告诉自己要努力、要向前冲、要拼命，却忘了自己的身体已经发出警告，亮了红灯。我把自己困在了一个怪圈里，一边忙乱，一边崩溃，最终一事无成。

人这一生总有那么一个阶段，想一路狂奔却发现举步维艰。健康也总是等到失去了，才发现拥有时有多幸福。以前，我觉得努力很重要；现在，我觉得健康更重要。

我越来越赞同一句话："不要等失去了健康才猛然发现，身体才是努力最好的资本。"

没有好身体，努力只不过是一句空话。那些透支身体的人总有一天会明白：比起成功，健康才是最宝贵的东西。

03

所有的来日方长，都敌不过世事无常

前段时间，我得知一位高中同学在一次车祸中不幸去世。听到这个消息的那一瞬间，我差点没站稳。感觉我们的人生不过刚刚开始，怎么就要和一些人永别了呢？我接受不了。

记得上高中时，我们一起看小说看到哭，互相嘲笑对方的泪腺太发达；还记得我们轮流看《读者》《青年文摘》这类杂志，记满好几个笔记本的金句名言；我们还喜欢共用一个 MP3，一人一个耳塞听歌；放学后，我们绕着操场一圈又一圈地走……有太多的情景，从我的脑海中划过，除了留恋，便只剩下遗憾。

高三那年，我去了靠南的城市，她去了靠北的城市，我们约定十年后去高中母校聚一次会，怀念一下青春。

可是还没到十年，却得知了她离开的消息。

刚毕业时，我忙着考教师资格，她忙着考研。等我考上教师，留在了我们的省会，她也考上研究生，去了武汉，一年到头也见不上一面。后来，我忙着看书、写文，她研究生毕业忙着找工作，联系就更少了。

很多时候，我们总是觉得来日方长，一生那么长，总有见面的机会。但更多时候，我们总是被各种事情耽误，错过了约定的时间，错过了约定的人。

以前，当我听到“有时间再聚”会觉得总会有时间。现在，再听到，我却觉得那会是永远不见。人的一生，真的是说长不长，说短不短。趁还来得及，别让想见的人等久了，别让想做的事搁浅了。要知道，所有的来日方长都敌不过世事无常。想见的人，现在就见；想做的事，现在就做。不要给自己的人生，留下遗憾。

04

人生短短数十载，风里来雨里去，不过是为了活得尽兴。在人生这趟单程旅途中，我们会遇到很多人和事，与这些人和事的交织构成了我们整个人生的图册。

在这本图册里，我们最该放下的，是试图改变一个人，尊重比改变更有效；我们最该珍惜的，是自己的健康，有健康的身体，才会有无限的可能；我们最该去做的，是尽量不给人生留下遗憾，来日并不方长，离别有时并不是为了重逢，也很有可能是一去不复返。

愿我们都能在这不长不短的人生中，看清这三个真相，然后过好这一生。

我不想再讨好任何人了

周末早上六点多，同事发来微信，让我帮她在一个小时内把三个表格填写完毕，发到她的微信上，她有急事，要出门没办法完成。

如果在以前，我会讨好般地回复："没问题。"但那一天，我拒绝了："抱歉啊！我周末有事，这次没法帮你了。"

看似简短的一段话，却用尽了我所有的勇气。天知道，我如何颤抖着一字一字敲打出来，在心脏"突突突"加速跳动的情况下，按了发送键。

看着屏幕上弹出的对话框，我想起了曾经的自己，想要讨好全世界，却唯独不知该如何讨好自己。

01

我在三岁那年，被迫寄养在二姑家。可别人的家，终究不是自己的家，要时刻学会看人脸色行事。二姑家最小的姑娘茵茵，是大家的掌上明珠，而我平日里则没有什么存在感。

吃饭，我从来都是最后一个动筷子，因为曾经有一次，二姑第一个给我盛饭，但在我接住二姑递过来的饭时却被茵茵抢走了，并且她还恶狠狠地瞪了我一眼。

就是那一眼，让我退缩了。

从此以后，每次吃饭，我都等别人先动筷子，自己才敢吃饭，也只敢挑那些不怎么好的菜吃。因为只有这样，我才能在二姑家过得不太艰难。

渐渐地，察言观色成了我的日常，对别人的讨好，也成了我生存下去的习惯性方式。

著名心理学家海灵格在《这不是你的错》里说道："讨好行为模式的出现，来自童年创伤。"

从我幼年时期寄人篱下开始，尤其是在和茵茵的相处过程中，茵茵作为"主家"居高临下的态度让我产生了"我不是这个家的一分子，我不配拥有这个家里的一切"的心理。

他们的一句话、一个表情、一个动作，我都会认真揣摩其中的深意，生怕自己哪一件事做得不好，会惹茵茵和二姑他们不开心。

我害怕他们讨厌我，潜意识中存在着强烈的不配感和被抛弃感。

我会不自觉地将他们的需求内化成自己的需求，通过不断满足他们的需求，从而获得关注。久而久之，真实自我的需求就被压抑了。

有句关于讨好型人格的解释比较贴切："为了生存下去，讨好者对于别人的期望，需要做出敏锐的反应，而'自己真正想要什么'这个问题已经变成了次要问题，取而代之的是一个比这重要得多的优先事项——绞尽脑汁地去猜，是那时候让我们赖以生存的那些人的想法。"

长久以来，我也确实练就了一身讨别人欢心的本领，我总能第一时间感知并照顾对方的情绪，并想尽一切办法满足对方的需求。

因为，我总认为要想自己"安全"，就必须让周围的人开心。

02

由于我的讨好型人格，周围的人早已经习惯了我的付出。直到高二那年，我打了人生中的第一架。我不想再讨好别人的意识，才真正开始萌芽。

我的同桌想让我帮她打热水，而那天我吃了感冒药，整个人昏昏沉沉的，就先把自己的热水给她，并承诺回头再帮她打水。

晚上，我在宿舍洗脚时，她一脚踢翻了我的洗脚盆，说我的洗脚盆挡了她的路。随后，她又准备把我的鞋扔出去，我赤脚站起来准备和她决战，可站起来的那一刻，我就已经㞞了。我浑身颤抖着，不知所措，对方一巴掌就打在我的脸上。

就只是因为我每次帮她打水，偶尔一次没有做到，她就如此苛责我，我的百般讨好终究没有得到她的善意，反而不被她尊重，让她更加肆无忌惮地欺负我。

这件事发生之后，我开始有意识地尝试拒绝别人。

我曾在微博看到过这样一段话："'讨好型人格'大多都是隐性的，只有当某一件事或者某几件事的发生，刚好触及我们心灵最深处的伤痛，让我们感到极度不适时，我们才会有自我意识的觉醒。"

而人一旦觉醒，随之便是寻觅恰当的方式拯救自我。我心里明白，正在寻找的那一束自我救赎的光，就在不远处照亮我。

03

庆幸的是，虽然这种一边小心讨好一边寻觅出口的状态持续了很多年，但终究没有白费。一直到半年前，我拒绝了搭档的无理要求后，觉得整个人都活了过来。

我的搭档，平时总是找各种借口，让我替她上课，我从来不敢直接拒绝，每次替她上过课后，我就自我安慰：“吃亏是福。”可几个月下来，我不仅身体累，心里也有苦说不出。

有一次，她又让我替她上课，我心中的防线彻底崩塌了。我抱着绝交的心态，和她直接挑明了说：“以后各自的工作，各自做好，需要帮忙可以，但不是义务。”

我能明显地感觉到，自己说话的声音在飘，说完之后，整个人都在颤抖，还出了一身冷汗。

可拒绝之后，我的心里无比畅快，是前所未有的轻松和喜悦。虽然彼此之间的关系淡薄了很多，但我觉得适当保持距离，亮出自己的底线，才是保护好自己和他人关系的最好方式。

04

美国临床心理学家布莱柯说过：“关于‘讨好’有一个很大的误解，很多人觉得它是一种良性的心理状态，毕竟被当作好人总是不错的。但实际上，很多讨好者已经不是简单地取悦他人，而是无法控制地下意识去牺牲自己，甚至对来自他人的赞赏和认可上瘾。”

很多时候，拥有“讨好型人格”的人为了避免冲突的发生，不断讨好所有人，表面上给别人一种很享受的错觉。实际上，大多数讨好者，在讨好别人的过程中，内心早已到了崩溃的边缘。

他们恨不得把自己分裂成两个人，一个人投其所好，满足别人的各种要求；另一个人干脆利落地拒绝让自己讨厌的一切。

可现实往往是残忍的，大多数讨好者，在没有把自己分裂成两个人之前，就已经和善地答应了对方的要求。

是他们不愿意拒绝吗？不是的，没有人天生喜欢讨好别人。

他们只是害怕拒绝后，被人讨厌，被人排斥和孤立，随之而来的是排山倒海的不安和自责。他们已经习惯了把他人的感受放在首位，对“讨好”产生了依赖性，不敢表达自己最真实的想法。

就像美国著名心理治疗师萨提亚，曾为讨好型人格设置的代表性姿势：一个人单膝跪地，身体向前倾斜，一只手乞讨般地向上伸出……

讨好者把自己放在低入尘埃的位置，仰视着身边的每一个人，却唯独忽视了自己。

如果讨好者不能真正学会说“不”，只会在失去自我的同时，让自己陷入讨好他人的恶性循环中，难以脱身。

05

那么，如何才能走出讨好他人的怪圈呢？不妨从以下三个方面试试看：

一、走出内在小孩模式，强大成年自我

武志红在《和另一个自己谈谈心》中说道：“在讨好者的内心，有一个总被拒绝的内在小孩，这使得他们不敢提要求，因为被拒绝会引起强烈的羞耻感，甚至想死。无形中，他们也会将这个内在小孩投射到别人身上。所以，不能拒绝别人，一方面是可怜别人，另一方面则是觉得一旦拒绝对方，就会引起无边的仇恨。”

当讨好者遇到别人的请求时，往往内在的小孩会发出信号：“我害怕发生冲突，也害怕被人抛弃”，内在的小孩会第一时间跑出来，去讨好对方。

即使有的人已经成年，他们内在的小孩却依然没有长大，一旦遇到冲突，就会立刻“退行”到“小孩”状态。

所以，我们一定要从心底意识到，自己已经走向成熟，那个内在的小孩也会和我们一起长大变成熟，可以独自面对人生中的各种冲突。

不断强大成年的自我，才能逐渐走出讨好者模式。

二、积极的心理暗示：拒绝是每一个人的正当权利

每当别人发出请求的时候，我们可以先进行心理暗示：拒绝别人，是自己的正当权利。做足心理建设之后，再看这个请求是否在自己的心理承受范围之内。如果不在的话，也不要恐慌，试着放下心理包袱，让自己一点一点靠近“拒绝”。

即使第一次没能如愿成功拒绝，也不要沮丧，以后每一次都尝试一下，一步一步接近自己的心理预期。等我们有了突破，收获第一次拒绝，就会有第二次、第三次，更多次的拒绝。

最重要的是，拒绝之后，不要在心里给自己加戏，拒绝了就什么也不要想。如果非要想，就去想：“我不欠任何人的，我的人生不是用来讨好的。”

三、建立自我边界：敢于对不合理要求说“不”

讨好者最大的弱点就是“心软”，不好意思说“不”。哪怕对方的要求非常不合理，讨好者也会因为害怕对方失落，而选择违背自己的心意，让对方舒服。

可这样的话，我们的自我边界感越模糊，别人越不会尊重我们，反而助长了他们的胆子，不断打破我们的边界。

所以，无论和谁相处，都要让他们清楚地知道我们的边界在哪儿。边界之上，可以退让；边界之下，休想闯入。

最后，送上我特别喜欢的一段话给你们：“不要太乖，不想做的事可以拒绝，做不到的事不用勉强，不喜欢的话假装没听见。人生不是用来讨好别人的，而是用来善待自己的。”

往后余生，愿我们不讨好别人，也不委屈自己，做一个敢于拒绝别人的人。

要始终相信，你配得上更好的生活

这篇文章，我构思了多种思路，想以多个别人的故事并列来写，也想以自己的故事与别人的故事穿插来写，还想以第一人称写一个别人的成长故事……

但是，纠结了很久之后，觉得还是写写我自己的成长故事吧！

虽然不耀眼，甚至很平庸，但胜在足够真实。

正是有这样的成长经历，让我悟透了一个道理：只要我们不放弃，我们就足以配得上比现在更好的生活。

01

在另一篇文章中，我曾提到过，我出生在一个小山村里。

那里南面全是山，自小我就没有到过山的对面，也不知道那边究竟是怎样的。我们这里的人，最大的活动区域，可能就是在我们村子的西北方向，离我们有三十多公里远的市区了。

但一年到头，我们那儿的人也只有过年的时候，才会去市区里赶一次集，买一些年货，开开心心地过个年。公交车一次一块钱，大家还要算着最多能去多少人，去的人多了，就怕一来一回的路费负担不起。所以，我从小就不会黏着家人去凑热闹，因为我怕父母多花钱。

并且那个时候，我多数时间是在亲戚家生活，偶尔白天也会回自己的家里拿一些需要的东西。由于我很小就过着寄人篱下的生活，所以我从不敢向别人提要求，对自己的父母也同样如此。我所向往的美好生活，也只能在心里偷偷地描绘它的样子，从来不敢说出口。

可以想象，小时候的我生活有多单调闭塞，甚至还有一点点悲苦。

最开始的时候，没有人外出打工，大家都是守着自己的一亩三分地，靠卖粮食为生。过了很多年以后，有人来我们村子里招工，去南方的一些服装加工厂，或者其他食品厂做长工，这才陆陆续续有人走出我们那个小山村，踏上了所谓的“致富之路”。

而我家里有三个孩子要上学，爷爷奶奶很早就不在了，单靠父母两个人拉扯三个孩子，父亲也无法去更远的地方，只能就近找一些工作干，晚上还能照看一下我们几个。

我的母亲是一个很开明的人，在那个年代，也算是一个有点文化的人。小时候的很多事，我都记不清了，但我一直记得，母亲经常翻阅一些杂志、报纸，有书了也会在空闲时间看会儿书。这些书籍之类的，都是在同一条街那个教师的家里借的，他们家算是我们那一片最富裕的人家，家里常年不断购入各种书籍和杂志。

就是从那个时候起，我开始对阅读感兴趣，母亲看完打算还书时，很多时候都会被我半路截和。我的心里隐隐约约有一种想法，也要过上那种书籍自由的生活，有一间属于自己的书房，装满自己喜欢的书。虽然当时的我，对那种生活还没有很明确的概念，但心中有一种感觉，在指引着我往前走。

02

我的小学，就是在这样的环境里度过的，一直没有太大的变化。我以为上了初中，就会有所改变，离我梦想中的生活更近一点。

没想到的是，上初中后没多久，我就有了第一次想要放弃学业的想法。

那一年，我第一次学英语，满怀期待的我，不得不接受这样一个现实：我连单词都背不会，即使今天背会了，第二天也忘得差不多了。学英语，简直成了我最大的噩梦。

第一次月考，我的英语只考了 39 分，满分是 100 分，我们班一半以上都是满分，我这算是倒数了。这样的英语成绩给了我一记暴击，毕竟我的数学成绩一直都在 90 分以上，其他各科成绩也都在 80 分以上，只有英语给了我耻辱般的打击。

我心里有了不想上学的念头，可我不敢和老师说，更不敢和家人说。我在心里纠结着、难受着，一会儿给自己鼓鼓劲儿，一会儿再自我否定一下，无限循环。看着别人的英语成绩那么好，我却连及格线都达不到，心里有一种说不出的绝望。

但我这个人有一点很好，就是哪怕我心里再绝望，再想放弃，最后在我想要放弃的那一刻，我也会很理智地去分析自己所面临的现状，然后做出更有长远打算的决定。我有过无数次想要放弃学业的冲动，最后都被无数次加一次的理智拉上了岸。

我没有放弃学业，而是慢慢接受了自己英语学不会的事实。这也并不代表我放弃了英语，而是学会了与自己和解，英语还会继续学，但不会太计较分数了。我的兴趣和特长在数学上，那我就取数学上的长处，弥补英语上的短处。

虽然初中时，我的总成绩并不理想，也可以说是那种在很多人眼中，没必要上高中的料。但我绝不放弃，我偏要上高中、考大学。

03

我的任性，有幸被我的父母托住，他们几乎是无条件支持我的选择。现在想来，真的超级感谢我开明的父母。

中考结束填报志愿的时候，以我的成绩最多上个很普通的高中，即使上了高中，考上大学的概率也是微乎其微。

我们村子里和我同一届的同学们，有一多半的人止步于初中，选择外出打工；有几个选择去了我们当地的中专技校，至于学习什么，我到现在也没搞明白；而选择上高中的，只有三四个人，我就是其中之一。

其实，从这些数据也可以看出，我们那里的人对于上学这件事，并不是太热衷，反而觉得早一点出去打工，还能多赚几年的钱，等到了该结婚的年龄，和邻近村子里的人相亲结婚。不出意外的话，继承上一辈人的生活方式，过完自己的一辈子。

我不太甘心就这样过自己的一辈子，我总觉得自己的人生不应该被禁锢在那个小山村里，我应该走出去，看看更大的世界。

当时上中专的同学家长，多次去我家，试图说服我的父母，让我和他家姑娘一起去上技校，不仅能学一门手艺，还能提前几年为家里赚钱。

他和我父母在院子里说，我在客厅的门缝处偷听。整个过程，我都紧张得要命，随时做好了冲出去和他们拼了的准备。

但令我感到意外的是，我的父母尊重了我的选择，支持我上高中。

也不是说上技校不好，每个人都有自己的选择，只要那个选择遵从自己的内心，无论什么路，都是一条好路。

对我来说，上技校不是我的目标。虽然我的目标在那个时候还不太清晰，但我知道，我得去上高中。

可能在那个时候，我不知道自己真正想要什么，但我清楚地知道自己不要什么，这应该也是那时的我所拥有的最大的清醒了。

04

我的高中上得也并不顺利，上了高中后，好像我的智力也跟不上了，原本让我引以为傲的数学成绩也一落千丈，每次考试都不太理想。我在高二的时候，又有了不想上学的冲动。

好在，我高二时的班主任比我们的年纪大不了多少，应该是刚大学毕业的学生，和我们班的同学关系都走得很近，人也很和蔼。基于这一种信赖，我在一次课间，和老师倾诉了内心的烦恼。

老师具体说了什么话，我已经记不太清，但有一点我一直记得，大概意思是：“你想一下，很多人大学毕业都很难找工作，更何况是高中没毕业？当然不排除有人不上大学也能生活得很好，但毕竟那是少数，你觉得你目前有养活自己的本领吗？”

记得当时，我陷入了沉思，只说了一个词：“不能……”便灰溜溜地逃命似的和老师说了再见，规规矩矩地回到了座位上，拿起笔开始写作业。

也是那一次谈话，我又坚持上到了高三，那一年多里，我有过很多次挣扎，最后都是靠着老师的这段话支撑我走了下去。

高三毕业时，我被一所不是太好的大学录取了，身边的很多人都说，那样的大学不上也罢，上了也是浪费时间。我听了太多这样的话之后也开始觉得，那所学校上了也没有意义，甚至想要放弃。

就在那时，我的一个异性朋友对我说："你想过那种日子？就是高中毕业之后，出去打两三年的工，到了适婚年龄回家相亲结婚，然后生个娃，天天就围着丈夫孩子转，围着那个你可能永远出不去的村子转？"

我当然不想。

最后，我拿上录取通知书，背上行李，踏进了那所我曾嫌弃过的大学，学了会计专业。但去了之后，那所大学并没有他们说的那么不堪，至少在那个学校里，我学到了很多东西，也让我成熟了很多。

05

学了几年会计之后，我发现自己并不是太喜欢这个专业，尤其是到了找工作时，更是让我崩溃到毅然决然地选择了转行。

我从会计行业转到了教育行业，通过一年多的努力，考上了当地的一所小学，成了一名小学数学老师。小时候我最喜欢数学，长大后我又重拾我的爱好，教小朋友们数学，这种感觉真的很神奇。

再后来，我在空闲时间重拾了自己的写作梦，踏上了一条未知的、充满挑战的路。

如今，我在书写自己人生中的第一本书。

突然觉得，我在一步一步靠近理想中的自己，靠近理想中的生活。每向前走一步，我都觉得自己无比幸运，多少次退缩都没有将自己彻底打败，而是越来越让我有勇气去追求更好的生活。

就像我前面说的，每个人都有自己的选择，选择也没有绝对的好与坏、对与错，上不上学全取决于自己内心的抉择，别人没有任何权利去说什么。

上学对我来说，是走出那个闭塞环境的唯一出路。当然，我的身边，也有很多人和我走了不同的路，也过得很不错。

人生的路，没有绝对好的路，也没有绝对坏的路，无论哪一条路，我们都要始终相信，只要我们一直走下去，不断学习、不断充实自己、不断打破自己的认知范围……

终有一天，我们都会过上自己理想中的生活，成为那个曾经只敢在心里想象一下的美好的自己。

最后，让我们再次告诉自己：要始终相信，你配得上更好的生活。

送给你，也送给我自己。

第三部分

人生，就是敢于解锁各种可能

所有那些看似没有意义的经历，实际上早已融入我们的身体，转化成我们内在的觉知和力量，以及外在的行为与气质。

我们已经错过了今天以前的日子，就不要让明天的自己悔恨今天的犹豫不决。也不要等到老去的那一天，才后悔自己想做的事，始终只是幻想。

不自我设限，我们的人生，才会有无数的可能。

世上最大的谎言是，等以后有时间了再说

01

前段时间，网上书店搞活动，我打算抓住机会入手一些书。同事晓冰看到我在网购，又过来要和我一起拼单买书。

距离上次我们一起拼单买书，已经过去三个多月了。我们选定了书之后，就迅速下单。等快递到了，我把晓冰买的书挑出来，送到她的宿舍，把书放到她桌子上的那一瞬间，我看到三个多月前，晓冰和我一起拼单买的书，有几本连外包装的塑料薄膜都还没有拆掉。

和晓冰聊起来时，晓冰云淡风轻地来了一句："那些书啊！等我以后有时间了再看，现在每天都忙成这样，哪里有时间看书啊！"

听她这么一说，我也不好意思再说什么，结束了聊天，我就回到自己的宿舍。

看着自己这段时间买的书，我在想，是不是我们真的没有时间看书呢？好像是，又好像不是，白天上班的确很忙，可我们吃住都在单位，省去了很多通勤以及做饭的时间，下班之后的时间几乎都是自己的。

我们也并不是没有时间看书，而是晓冰把空闲时间都用来煲剧、

逛街，和别人组队打游戏了，这才没有多余的时间来看书。买那些书，也纯粹是晓冰一时心头热，三分钟热度过后，就再也没了兴趣。

就像那句老话所说："时间就像海绵里的水，只要愿意挤，总还是有的。"时间对每一个人都是公平的，而真正存在差异的，往往是一个人对待时间的态度。

你若用心把握每分每秒，时间便会呈现出它该有的价值；若你任时间如何流逝，都只当未曾感受到，那时间也会像东流的河水一样，无情地奔流而去，连浪花都不曾留下。

02

看到眼前的晓冰，让我想起了曾经的自己。

前几年，我也是这样一个把"等以后有时间了再说"挂在嘴边的人，虽说我一直对文字比较感兴趣，但并没有为此付出太多心血，一切只停留在"我比较感兴趣"的层面上，很少动笔写，也很少完完整整地看完一本书。

那时候，我买过很多书，各类书都有，但真正坐下来认认真真去看的很少，有些书甚至几年都没有翻过一页，还是新的，就被我冷落在角落。

闺密来我家借书时，总是会感慨："这书你都不看吗？还是新的啊！"我也总是会回她一句："当然看了，等我以后有时间了再看。"

可时间一天天过去了，我的很多新书都是被闺密翻旧的，我也没有翻看一眼。直到后来正式参加工作，需要写各种各样的材料，还要定时更新博客文章时，我开始发愁，才真正明白"书到用时方恨少"

的含义。

尤其是后来我开始写作，刚开始还能靠灵感写几篇文章，等到了后来灵感枯竭的时候，我在知识储备上的短板就显现了，常常觉得自己言之无物。

从那以后，我开始把之前买的书都翻出来，一本一本地精读，然后做笔记，梳理对我有启发的知识点。也是那个时候，我内心对文字的热爱以及对时间的敬畏感，才彻底被唤醒。

后来，我基本上保持每周看一到两本书的节奏，如果哪一周工作真的太忙，我也会早起一个小时，每天读上一个小时的书。一天不读书，我就会有一种罪恶感。现在在我的生活中，读书就像吃饭、睡觉一样是自然而然的事情。如果你要问我，下了班的时间都在干什么，我会说几乎都在看书、码字，偶尔会看一些纪录片和以前没看的经典电影。

可能是我上学期间浪费了太多时间，现在能弥补一点是一点。我害怕五年后、十年后，或是到自己老去的那一天，我再后悔自己曾经浪费太多时间。所以，我尽量把每一天过得相对充实，做一个终身学习者。

年轻时的自己，觉得人这一辈子长着呢，时间多着呢，可以恣意挥霍。自从上班以后，我深深地感觉到，一天内真正属于自己的时间太宝贵了。所以，我必须得把时间利用到极致，才不算白活。

其实，当我们内心缺乏对时间的敬畏感时，时间也只是钟表上“嘀嗒嘀嗒”机械转动的声音，并没有特别的意义存在。只有我们能从内心深处开始敬畏时间，时间才会在我们的生命中留下有意义的痕迹。

03

相信很多人和我一样，会觉得以后还有很多时间，今天的事想着明天去做；拖到明天了，又寻思着后天再做……

反正时间多的是，也不在乎这一会儿，一拖再拖，这件事便在自己的头脑中被稀释了。拖到最后，我甚至都忘记了有过这件事需要自己去做。

这样的心理现象，其实就是心理学上所说的“拖延心理”。

简·博克和莱诺拉·袁在《拖延心理学》里是这样解释拖延的：“从根本上来说，拖延并不是一个时间管理问题，也不是一个道德问题，而是一个复杂的心理问题。”

我们太多人都是一边浪费着时间，一边说着“等有时间再说”；一边偷着时间的懒，一边抱怨时间的不公平。

真正应该感到惭愧的是我们自己。工作中，我经常会听到：把资料放那儿吧！现在没时间，等我有时间了再看。可明明手中刷着手机，却声称自己没有时间。生活中，洗个衣服、洗个头发，都能一拖再拖。我们会把手边的事使劲往后拖，直到实在来不及的时候，才想起自己已经浪费了太多的时间。

有时候，我们更像是一个玩游戏忘记时间的小孩，天彻底黑了，才想起要赶紧回家。可我们终究会长大成人，在时间面前，我们没有资格再任性，我们需要付出更多的努力，来走好这一生的路。

时间不会停下来等待每一个暂时落后的人，它只会循着自己的节奏往前走，每分每秒都珍贵无比。我们对时间的任何松懈，都会使我们成为时间的俘虏，被时间远远地甩在后面。

世上最大的谎言，或许就是：等以后有时间了再说。

这不止是在欺骗别人，更是在欺骗我们自己。

别让“等以后有时间了再说”成为我们前进道路上的障碍，活在当下，把握好每分每秒，才是面对时间最好的姿态。

看似意义不大的事情，其实是在为你的人生铺路

01

同事李老师，五十多岁的年纪，每天除了备课、上课、批改作业，就是在座位上练习书法。

说起书法，李老师倒不是从小就喜欢，而是参加工作后，才喜欢上的。当时上级规定，要全面提高每位老师的书法水平。为了以后在教学中起到榜样作用，使学生写得一手好字，李老师才开始认真钻研。

学校里响应上级领导的提议，规定每位教师每天分别上交一张钢笔字、一张毛笔字和一个版面的粉笔字，也就是所谓的“三笔字”训练。

刚开始，大家还热情高涨，每天按时上交，可时间长了，坚持的人越来越少，应付差事的人越来越多。到最后，只有李老师一个人认认真真地在练字。

李老师从来没有把这项任务当成是“任务”来看待，而是真正对书法有了兴趣。

我经常听李老师说：“静心才能养神，淡泊名利才能走得更远。而练习书法，就是最好的养心术。”

只要拿起笔，他马上就会进入一种安静的状态，再多鸡零狗碎的烦心事都可以瞬间抛之脑后。

在很多人看来，成年后大家的字体已经定型，即使再练也练不出什么境界来，坚持就显得没多大意义。

但在李老师看来，那些看似没有意义的事情，只是暂时看不到意义，在坚持的过程中，事情的本身就已经充满了未知的意义。

经过几十年坚持不懈地练习，李老师的书法也算小有成就。这些年，李老师经常在各种书法大赛上赢得比赛，有一次还得了一个省内书法大赛的冠军。而这些他人羡慕的荣耀，都是李老师一路走来那些看似意义不大的点点滴滴，积累起来的成果。

很多事，可能我们当时看不出有多大的意义，但意义一直存在，它会在某一个不经意间才显露出来。

02

我曾看到一篇文章，其中有一段是作者回忆她小时候的事情，让我印象特别深刻。

这篇文章的作者是一个翻译家，但她并不像很多专业的翻译家那样，从一开始就走上了专业的道路。

她并不是科班出身，也没有经过专业的训练，更没有刻意练习过，仅仅是在小学时一次偶然的机会，家人给她报了一个英语辅导班，刚好学起来也不算枯燥，自己又比较感兴趣，就一直坚持学英语。

当时的她也不知道，学英语有什么用，更不知道这些积累其实是在为她的人生铺路。她只是把学英语当成她生命中很正常的事情，就像学语文数学一样，认真去学、去记，一个单词、一个句子笨拙地积累。她也没有明确的目标要成为“翻译家”，只是循着自己的节奏，依着自己的心慢慢地往前走。

直到后来有一次，阴差阳错间，她替朋友翻译了一本书之后，才发现原来自己曾经学过的英语知识都没有白学，并且在关键时刻发挥了作用。

自此，她走上了翻译的道路。她说，后来很多人问她，是不是英语翻译专业出身，但其实走上这条路，连她自己都觉得有些莫名其妙，就像是命运的巧合，把她推上了翻译这条路。

正如她在文中写的：“我做的这些事情，对当时的自己来说，并没有任何实质性的价值，只是一种痴迷而已，甚至在很多人看来不过是一种打发时间的方式。”

确实，很多时候，我们在做某一件事时没有很强的目的性，反而更容易坚持下去。等到某一天，我们坚持做的某一件事，可能悄悄地成就了自己。

只是当初我们去坚持做某一件事的时候，谁也不知道未来会发生什么。那种坚持，在当时看来没什么意义，甚至在别人眼中还很傻，但没关系，尽管去坚持，我们的坚持终会有它存在的意义。

我们可能看不到短期的效果，也暂时看不到未来的成果，但我们可以遵循自己的内心，踏踏实实走好每一步，无形中它就会转化成一种力量将我们向前推。

03

就像上小学时，我们机械式地背诵乘法口诀，那个时候我们可能只是机械地记住了。随着学到的知识越来越多，我们会发现，那些看似没有意义的机械式学习，是在为以后有意义的学习打基础。

就像我们上学时学过的各科知识，做过的各种类型的题，现在回想起来，大多都已模糊不清。但那些并不是毫无意义的，它早已刻入我们的骨子里，影响着我们的认知观念。

时代在变迁，生活节奏在加快，快速发展的一切都让我们变得做任何事都追求高速度，快成效，很少有人能够慢下来，做一些暂时看不到成效的事。

就像读书，很多人认为，读再多的书有什么用，还不是一样结婚生子，柴米油盐过日子，还不是喜怒哀乐一样也不少。

其实不然。

我特别赞同一段话："你的气质里，藏着你走过的路，读过的书和爱过的人。"

所有那些看似没有意义的经历，实际上早已融入我们的身体，转化成我们内在的觉知和力量以及外在的行为与气质。

所以，我才会说：那些看似意义不大的事情，其实是在为我们的人生铺路。

你有足够多的耐心，才会有足够好的人生

01

这几天我一直在加班，看着大家一个个出门旅游，朋友圈里刷屏似的各地令人神往的风景，让正在加班的我心生羡慕。

我的工作安排得相对较多，上午要开会，领导讲解工作进展事项，中午匆匆吃了饭，开始下乡入户进行扶贫政策宣传，帮助贫困户查看扶贫资料是否分发到位。

这项工作十分烦琐，除了挨家挨户上门宣传讲解之外，我们还要面对各种表格的输入整理，最后汇总上报。有问题的需要单独列出来，逐个分析原因，不停地反馈、更正、提交、再反馈……

几乎同一条工作线，要重复十多遍，甚至更多。

和我一起搭档工作的同事，是一个实际年龄四十多岁，但看起来却只有三十多岁的女士，我们都叫她玲姐。

玲姐在电脑方面是个新手，领导让我协助她进行小组汇总。我是那种一旦遇到烦琐的事情就没有耐心的人，看着眼前乱七八糟的资料，各式表格都需要一点一点去填充，感觉头都大了，实在是麻烦啊！真想撒手不管。

玲姐却没有显得不耐烦，而是打开表格，耐心地把每一个数据都输入到表格中。她担心自己出错，每输入一个都要检查两遍，确定无误后才进行下一个。我在玲姐旁边，十分没有耐心地抱怨起来："这何时是个头啊！"

玲姐倒是轻松地说了一句："再烦琐的事情，只要自己有足够多的耐心，还怕干不好吗？"

看着玲姐一脸淡然的神情，我突然很佩服玲姐，她遇事总是那么有耐心，哪怕是一件令人抓狂的事情，也能淡然处之。这种境界，的确是我这个职场新人最应该学习的。

这让我想起之前看过的一句话："耐心，是一切聪明才智的基础。"

当时，只觉得不就是耐心嘛，很简单啊！现在遇到事情，我才终于明白了：很多事情，嘴上说着简单，做起来可就不容易了。

无论做什么事情，若缺少耐心，不管有多少聪明才智，也终将一事无成。

02

玲姐也并非天生好心态、有耐心的人。

在后来的聊天中，我才知道，多年前，玲姐的丈夫因为工作需要，骑电动车出门时遭遇车祸，整个人被撞出几米开外。所幸当时抢救及时，捡回一条命，但由于伤势严重，最终卧床不起，成了一个不知饥饱、毫无知觉的植物人。

那时，玲姐才三十岁出头，二胎还在怀里抱着嗷嗷待哺。

周围人都劝玲姐放弃治疗，把丈夫送进敬老院。但玲姐不离不弃，一手抱娃，一手照顾卧床不起的丈夫。很多时候，玲姐都是把孩子用丝带系在背上，做饭洗衣，收拾丈夫的被褥。

玲姐说，这些年来，她每天早上五点就醒了，根本不需要闹钟。起床之后就是收拾屋子，清洗床单被罩，哪怕冬天再冷，她也同样如此。

我问玲姐："就没想过要放弃吗？照顾一年两年可以忍受，这十多年的耐心从何而来？"

玲姐抬起头看着窗外，淡淡地说："这么多年，我早已习惯了这样的生活，没有谁的生活是容易的，大家都一样，都该坚强地活下去，耐心更是要有的，说不定会有奇迹出现呢！"

说完，玲姐轻轻地笑了。

她的笑容里藏着对生命的敬畏与珍惜，也藏着对苦难的无奈与隐忍。十多年如一日地坚持下来，对任何一个人来说，本身就是一种奇迹了。

相比玲姐，我一个年纪轻轻、有手有脚、行动方便的小姑娘，又有什么理由去抱怨？在生活面前，有足够耐心的人，才会把自己的命运握在自己手中，以待花开。

我接过玲姐手中的工作，心怀敬意地把剩下的工作认认真真地做完，汇总上报。

我心里清楚，经过事的心，是沧桑的，也是充满力量的。是那种不畏惧命运的力量，更是不畏惧生死的坦然，有足够的耐心，才能抵御风霜，迎来新生。

03

现在网络上有一个很流行的句式叫：沉浸式+要做的事情。

沉浸式宅家、沉浸式回家、沉浸式读书、沉浸式自律……

这种沉浸式的对立面就是浮躁，面对生活时的焦躁不安，面对工作时的急功近利……

那些能够沉浸式地做好自己的工作，过好自己生活的人，或许才是人生最后的赢家。生活不曾偏袒任何人，关键还是在于是否给自己耐心，摆正心态，积极面对。

就像有一段话说的："人的全部本领不过是耐心和时间的混合物。"时间在自己手中，耐心也在自己平和的内心里。

每一个在时间上有耐心，在生活上有决心，在人生之路上有定心的人，才能摒弃一切私心杂念，脚踏实地地走好每一步路。

苦短一生，我们都需要沉下心来，耐心一点，再耐心一点，修炼自己的内心，这样才能拨开云雾见青天。

要相信，你有足够多的耐心，才会有足够好的人生。

你认为的为时已晚，也许正是最好的开始

01

我刚开始写文的时候，遭遇到很多人的质疑。

表姐对我说："都毕业了，没有上学时那么多空闲时间，才开始看书写文，不晚吗？"

闺密直接怼我："上学时也没见你这么用功，那个时候，不管是记忆力还是理解能力都是黄金时期，如今工作都有得忙了，你才开始尝试写文，为时已晚啊！"

甚至连我小姨都说我："现在开始太晚了，写文这事应该从小就培养，成才的可能性才会大一些。"

……

听着大家的质疑声，我也开始怀疑，自己现在开始写文，是不是太晚了？

毕竟，有人十几岁就已经出书，二十岁刚出头就已成名，还有很多和我同岁的人，已经在这个行业摸爬滚打很多年，无论是文字功底，还是阅读量都在我之上。我不免怀疑自己现在开始去尝试，是不是真的为时已晚？

有一次，在一个写作群里，大家聊起这个问题来，一位写作界的长者王老师和我们讲，她三十八岁才开始写作，刚开始投的稿子一直石沉大海，但她没有放弃，坚持写了两年。两年后的某一天，她才终于发表了自己的第一篇文章，编辑老师为了鼓励她继续努力，送给她一本关于写作的书，她一直珍藏到现在。

王老师安慰我们说："任何时候开始做某一件事都是最好的时间，只要敢于尝试，何时都不晚。"

后来，我们几个人约定，无论前路多么艰辛，也要一起前去探个究竟，不让十年后的自己后悔十年前的退缩，要披荆斩棘地走下去。

人的这一生，可能怕的不是"为时已晚"，而是怕自己"止步不前"，一旦停止，便不再成长。只有一直往前走，才能遇见更多的机遇。

02

周末去朋友小莹家玩，看到小莹的爷爷拿着一支大号水写毛笔在地板上练字，我在旁边看了一会儿，觉得挺有趣，便向爷爷讨教经验。

原来，爷爷是退休后才开始学习毛笔字的。刚开始他在公园的广场上看到有些老人，用毛笔蘸水在地上练习毛笔字，一方面修养身心，另一方面也为自己的老年生活增添一点乐趣。

爷爷回去之后，就让孙女小莹教自己，在网上购买了一整套毛笔字练习神器。爷爷自己先在水写布上一笔一画地描红，慢慢地开始对照着字帖临帖。后来，爷爷觉得这样摸索着太慢，干脆报了一个成人毛笔字速成班，跟着老师学习了几个月。

出师之后，爷爷开始右手拿着毛笔，左手拎个盛满水的小桶，在家里的地板上，或者在公园里的广场上练习毛笔字。

上周末，我和小莹在广场上玩儿的时候，还看到爷爷在教陌生人练字。看着爷爷的毛笔字，根本猜不出来，他是六十多岁才开始学习的，倒更像是从年轻时就开始练习的，一笔一画都刚劲有力。

真正想要做一件事，永远都不算晚，永远来得及。那些觉得为时已晚的人，说到底，不过是害怕开始，害怕尝试，害怕有一天坚持不下去罢了。

一生最好的时间，不是过去，也不是未来，而是当下的每分每秒。

03

想要写文，就从现在开始，多读书、多观察、多思考。调动自己身体内所有的敏感细胞，对生活细节保持一定的敏感度，多加练习，一点一点地积累，就不算晚。

想要练习书法，就为自己制订一个计划，定下一个目标，一笔一画一天一天认认真真去练习。要学会享受从临帖到独立书写的过程，而不是时时刻刻都在担心来不及。

有时候，我们常常会想，自己为什么没有在十年前、二十年前就开始学习某一项技能，而偏偏在多年后，需要用到时才后悔不已，感觉为时已晚?

其实，根本没有所谓的“为时已晚”，何时开始都是最好的时间。

就像一句话说的：“种一棵树最好的时间是十年前，其次是现在。”同理，开始做某一件事的最好时间除了多年前，其次就是现在。多年前已经回不去，我们能把握住的只有当下。

我们已经错过了今天以前的日子，就不要让明天的自己悔恨今天的犹豫不决。也不要等到老去的那一天，才后悔自己想做的事始终只是幻想。

你认为的为时已晚，也许正是最好的开始。现在就开始，走一条来得及的路，为时不晚！

最怕你心有不甘，却偷偷认了㞞

01

朋友小清高中毕业后，考上我们本市的一所本科院校，学国画。

大学期间，我们见过几次面，聊得最多的就是梦想。小清说，她的梦想是毕业以后办一次画展，把她这些年攒下来的好画，让更多人看到。

我知道，她是真心喜欢画画。高中三年，她每天穿梭于教室与画室之间，除了上文化课，其余的时间几乎都在画室练画，每个周末都出去写生，为了自己的梦想，也算是拼尽全力。

大学期间，她又是没日没夜地画画。她曾是他们那个系的小名人，皆因她痴迷于画画，废寝忘食地画，随时随地都能画。她不但勤奋，而且画功在系里也是数一数二的。

毕业之后，她一心扑在开办画展上。可对大学刚毕业的人来说，没有经验，也没有资金来源，她筹备了几个月后，还是因为各种现实原因暂停了开办画展的计划。

这对小清来说是一个不小的打击，投入那么多的时间和精力，到最后却什么也没有得到。之后，她颓废了很久，甚至打算放弃她的画画事业，接受家人的建议，按部就班地上班。

后来我们聊过办画展的事，小清的热情已经减退了不少。尽管她还想办画展，却已经没有从前那么执着了，办了也好，不办也罢。

我明白她这种心理，虽然有不甘，却在心里偷偷地认输了。

很多时候，打败我们的不是困境，而是面对那些困境时，突然对自己认了㞞。所有的热情，瞬间降至冰点，提不起一点兴趣，无力感劈头盖脸就来，我们除了接住那些无力感，好像别无选择。

人这一生，有些路，走着走着就想回头了；有些事，做着做着就想放弃了。其实，不是我们坚持不下来，而是我们对自己放弃得太早。

02

前几天，朋友告诉我，我有机会调回老家工作，只要面试成绩在前十五名，就可以申请调回原籍所在地。

在外地工作多年，能调回老家一直是我的心愿，这个消息让我非常激动。但当我去报名时，心里却迟疑了。

前些年，我考上了外地的一份工作，只能暂时留在那里，等有机会再考回老家。参加工作的第一年，我还有复习的动力，每天早起一个小时背书，晚上晚睡一个小时做题，连我一直保持的午休习惯也被打破，用来复习功课。

但第二年的考试，我落榜了，连笔试也没通过。

虽然我依然想回老家，但明显有些泄气了。我不再认真看书，也不再坚持刷题，开始给自己找各种借口："比我努力的人太多了，我这水平肯定不行啊！人家那些应届毕业生才是主力军，我就不去凑热闹了……"

我开始偷懒，早上睡到该吃饭才起，晚上抱着手机刷剧到深夜，空闲时间还会约上同事一起去逛街……

完全把自己想考回老家的想法抛于脑后。后来，干脆自我放弃，卷子我送给别人了，备考所用的书也被我用来垫书桌。尽管每一年的考试我都会参加，但只有我自己知道，我只是求一个心理安慰，走个过场而已。

说实话，我有点认命了。在我心里，早已认定自己考不回去，即使现在有机会回去，我也还是不确定自己到底行不行，为了避免现实中的失败，我在心里就已经想要对自己认输。

人啊！有时候就是这样，最怕的不是没有目标，而是明明心里有目标，却一再暗示自己不行，不如就这样算了。

在大多数人心里，安于现状肯定是比不断进取要舒服。因为，人是有惰性的，这种惰性并不一定是指懒，而是人人都有求稳的心理。安于现状，求的就是稳。

然而，求稳太过就容易变成不思进取。而不断进取看似需要接受不可控的变，实则是在变的过程中让自己更加强大。

最后，经过多次思想斗争，我还是决定报名试一试。都说，谋事在人，成事在天。不管结果如何，先努力了再说。

03

不知道你有没有这样的感受：无论做什么，都是刚开始热情高涨。渐渐地，热情冷却下来，我们就容易灰心丧气，半途而废。有时甚至会怀疑，自己是否走错了路。

明明有时候不甘心就这样，却在心里打了退堂鼓，别人看到的还是那个云淡风轻的我们，实际上我们的内心早已溃不成军。

我们有太多的不甘心：不甘心过着平淡的生活，不甘心梦想被搁浅，也不甘心人生就这样成定局……

我们总想努力改变点什么，却迟迟不愿行动起来。我们宁愿认为是自己能力不行，也不愿花费心力去搏一把。

因为，认输太容易，而努力却太辛苦。

可是，人这一生，总要认真走过一条路。在这条路上，我们可以暂时退缩，但不能永远认输。

哪怕再想认输，也希望我们能正视自己的“不甘心”。别在自己心有不甘时，偷偷地认了厌。

想要人生从容，必要全力以赴

01

前段时间，我和雅南姐去拜访一位咖啡师。席间，咖啡师为我们展示了多种咖啡拉花，看着她很轻松就做出漂亮的拉花，我便以为拉花做起来很容易。

谁知道，轮到我动手做拉花时，我试了一遍又一遍，却怎么也做不成型。我沮丧地把工具交给咖啡师，让她再为我们示范一次。可接下来这次，我和雅南姐一起动手做，还是没有成功。

我无奈地感慨："拉花看起来容易，做起来还真的需要下功夫。"

咖啡师告诉我们，她刚开始也认为拉花很简单，不就是在咖啡上随便拉出一个形状，有什么难的？可真正接触了才发现，拉花不仅需要手腕的力度到位，还需要用心揣摩每一个花型。

为了练好咖啡拉花，她每天五点起来磨咖啡、打奶泡。有时候，一天下来，她的手腕练到酸痛，才勉强能拉出一个像样的花型。就这样，经过长时间的练习，她才能拉出更多的花型，技巧也更加娴熟。

也许，我们都很容易进入一个误区，认为看起来简单的事情，做起来也一定很简单。只有当我们动手去做时，才发现没有足够强大的功底，做任何事都不一定有想象中那么简单。

俗话说：“台上一分钟，台下十年功。”

生活中，没有哪一种轻松是毫不费力达成的。没有日复一日的打磨，也很难有来日的得心应手。

那些看起来很容易、很简单的动作，都是经过千锤百炼的结果。

02

我们学校有一个规定，听任何老师的课都不需要提前打招呼。

有一次，我们几个老师临时决定听小林的课。整节课下来，小林讲课自然流畅，思路非常清晰。讲课的方式也很新颖，寓教于乐，在游戏中把该讲的知识都讲了，学生们掌握得也很不错。看着小林自信从容的教态，以及这么好的教学效果，我感到自愧不如。

有一个老师感慨道：“小林真是当老师的料，随便一讲就讲得这么好。”小林听了之后，只是微微一笑，没再说话。

后来，我才知道，哪有什么“随便一讲”。

小林每一次上课前，都会自己对照着镜子练习讲课，讲到她满意，才会讲给学生听。最多的时候，她练过接近二十遍，练到喉咙差点哑掉。

她还经常请教有经验的老师，观摩网上的名师课堂，不断提升自己的教学能力。如此，才有了讲台上那个驾轻就熟的小林老师。

很多时候，我们把别人的成就归结为运气好、有天赋。殊不知，运气和天赋都是不可控的因素，只有自己的努力才是可控的因素。

没有谁能不费吹灰之力，就抵达人生巅峰，凡事都是通过一点一滴的努力，才能达到我们想要的高度。只有我们足够努力，才会看起来云淡风轻。

03

上学时，我特别羡慕那些轻轻松松就能考取好成绩的同学；上班时，我特别羡慕那些毫不费力就能拿到好业绩的同事；后来，自己写文章了，我又特别羡慕那些随手一写就能写出一篇好文章的作者。

我觉得自己技不如人，自卑到了极点。又特别好奇，别人是如何做到看似没有怎么用力，就能脱颖而出的。

直到后来，听到了咖啡师拉花背后的故事，看到了小林讲课前的准备，我才忽然明白：他们的厉害，并不是天生就有，而是他们在从不厉害到厉害的这段路上，付出了比我们更多的心血和精力。

就像心理学上的“飞轮效应”，为了使停止的轮子转起来，刚开始需要付出很大的努力，当飞轮转动起来达到临界点以后，我们才会越来越轻松。

但现实往往是，我们会选择性地忽视别人用尽全力时的艰辛，很容易看到别人轻松蹬动轮子，潇洒地飞奔在路上的样子。

只有经历得越多，才越会懂得：那些看似轻而易举的背后，都是竭尽全力的付出。

没有谁的成功得来全不费工夫，没有谁的道路永远是一马平川、毫无坎坷。要想人生到最后满载而归，空手坐等天上掉馅饼是不现实的，中途觉得累了想要放弃也是不行的，只有熬过了最初的艰难阶段，我们才能在往后的道路上越走越顺，也越走越轻松。

就像鸭子凫水，表面看起来悠闲自在，四平八稳。实际上，鸭蹼在水里，一刻也没有停歇。

生活中的我们，不就像凫水的鸭子吗？想要人生从容，必要全力以赴。

有些弯路，此生非走不可

01

高中毕业时，要报志愿。那时的我，太过年轻，心气儿也高，看不上学了十几年的语数英相关的专业，觉得都学烂了，根本不需要再学了啊！

就这样，我选择了会计专业。原本想着，大学毕业之后，至少是一门手艺，不至于落魄到无一技之长。

但真正学开了，我才发现自己根本就不喜欢这门功课。那些财务管理、报表、税务之类的，我看到就头疼，只能硬着头皮熬到了毕业。

毕业之后，才是更加迷茫的开始。心想学了几年的专业，再不济，也比进入一个新领域从零开始要省事得多。思量再三，我决定从事本专业，找一个会计工作。

可几经辗转、碰壁，我的会计之路走得十分坎坷，摔跟头也是常有的事，有几次干的还不是会计，只是和会计沾边。工作换了一个又一个，还都是裸辞，眼看房租都要付不起了，我对自己失望透顶，也开始对找工作产生恐惧心理。

无奈之下，我开始重新审视自己的人生，把自己多年来的愿望清单列出来，挑了一个自己最喜欢的职业，当一名教师。

就这样，我折腾了两年，也漂泊了两年，才最终找回了自己的初心，决定为自己的人生再拼一把。已经“苍老”的心，也算是找回了一点“年轻”的感觉。

经历了无数心酸，仍不得结果的这两年经历使我终于发现：年轻过才会懂，有些路，不得不走，心之所向，身之所往，这都是人生所必须经历的过程。

我特别喜欢一段话：“那些以‘过来人’的口吻阻止或者劝慰他人者，不过是想让眼前人能少走一些弯路，毕竟谁也不愿意明知是弯路，还要眼睁睁地看着你往下走。”

可走过来之后，才会豁然开朗，哦！这确实是一条弯路。但在这条弯路上，我们会看到更多的风景，经历更多有价值的故事。等我们回过头去看来时的路，也会感慨：看不一样的风景，不走千篇一律的路，也是一种收获。

如今，我在目前的工作岗位上，收获了更多不走这条路的人所体会不到的乐趣，做着自己喜欢的事，认识了很多有趣的人。

正是因为曾经走过弯路，我才会更加珍惜这一次机会，我也更能以澄澈之心对待生活中的种种琐碎。你看，弯路也是一种有价值的经历。

02

有一次，我和闺密晓晴一起外出自驾游。

我们都很期待这次旅行，出发前做好攻略，研究路况，甚至连当天的酒店都已经定好。我们两个人把行李往后备厢一扔，开着音乐，满心欢喜地朝着目的地出发。

我们憧憬着即将出现在眼前的风景，想象着要在那里开启吃货模式，大吃特吃。坚决不能错过任何好吃的、好玩儿的，这才对得起因为我们熬夜做攻略出现的熊猫眼。

可还没高兴多久，意外就出现了，虽然有导航，但路标并不明显，我们尝试了几条路，似乎都是错的。过了好一会儿，我实在是没有耐心了，看着身边气定神闲的闺密，我就气不打一处来，忍不住抱怨起来："姐姐，还找不到路吗？我们的旅游计划是不是就要泡汤了啊！"

闺密并没有因为我的抱怨而生气，反而安慰我："不管我们走过多少冤枉路，只要心中有风景，处处是风景，沿途亦是风景如画。"

听她这么一说，我把视线转移到窗外，看到沿途路旁，有牛儿在吃草，放羊的人扬起手中的鞭子，追赶着一群羊往前走。骑着自行车从我们身边呼啸而过的年轻人，脸上洋溢着让人舒服的笑容，好似生活在他们眼中无限美好。天空中有大片大片奇形怪状的云朵，天空湛蓝如洗，这是久居大都市，每天坐在写字楼低头忙工作的人很难看得到的美景。

我盯着窗外发呆，一条路上的风景尽收眼底。顿时，我的心情好多了。最后，我们沿着这一条不知名的路，拐来拐去，还真的拐到了通往目的地的大路上。

我和闺密都兴奋得大叫起来，闺密的话也深深地印在了我的脑海中。是啊！不管目的地在何处，身处沿途，风景亦是到处都有，只要心向阳光，看山是青山，看水是绿水，我们多走多少弯路，就会收获多少不一样的风景。

弯路，其实也是另一种体验，我们所走的弯路都会成为自己人生路上别样的收获。

03

张爱玲在《非走不可的弯路》中也曾讲道：在青春的路口，曾经有那么一条小路若隐若现，召唤着她。

母亲拦住她，称那条路是母亲曾经走过的弯路，走不得。张爱玲并不相信，非得自己去试一试。母亲心疼她，却也不得不放手。

后来，她发现母亲是对的，那确实是一条弯路。她又阻止其他的人走那条弯路。然而，那些人和她有着同样的反应。张爱玲就像母亲那样，表达自己的关心，同时也表达自己的无奈，送她一句，一路小心。

后来，她终于明白，在人生的路上，有一条路每个人非走不可，那就是年轻时候的弯路。不摔跟头，不碰壁，不碰个头破血流，怎能炼出钢筋铁骨，又怎能长大呢？

之前听过这样一句话："人生少走了弯路，也就错过了很多风景。"

走上笔直大路，一路高歌猛进，就能达到人生顶峰，这可能是每个人最好的追求。

但弯路也不一定就一无是处，你在弯弯绕绕的道路上行走时，看到的风景，得到的体验，却是走坦途时无法体验到的。很多弯路也一定会让你的人生更加有趣，更加锦上添花，更加精彩纷呈……

不要害怕走弯路，也不要抱怨所走的弯路，改变心态，换一个视角，弯路也有无尽的好风景。

有些弯路，此生我们非走不可。一如成长，必须经历过之后，才能会心一笑，淡然地来一句："原来，风景处处都有啊！"

你对人生将就，人生也会对你将就

01

前几天，我突然想吃糕点，便约着朋友一起去附近的一家超市。

一进超市，我们俩便被眼前冷清的景象惊住了。这家超市刚开张时很火爆，舒缓的音乐、应有尽有又摆放有序的货物，无论什么时候都人满为患。最关键的是，这个超市物品新鲜，价格相对周边还便宜一些，环境、卫生、服务都无可挑剔。

所以，在我们的印象中，这家超市经常是人来人往，从来不缺生意的。可那天超市里的顾客也只有零星几个，眼前是灰蒙蒙的一片，灯光比较暗，货架上的东西一碰就是一手的灰尘，地面像是很久没有人打扫的样子。

曾经的繁华景象不复存在，我们都唏嘘不已。我们径直来到糕点区，挑了几样看得过去的糕点就去收银台结账了。那一刻，我突然觉得再也没有心思像以前那样，一逛超市至少得两个小时，我们只想赶快出去透口气。

途中听到有店员问："这地面还用不用打扫了？"另外一名店员有些怏怏地说："不用了吧！反正打扫干净，等一会儿又来人还是脏，将就将就吧！”

听到这句话，我和朋友都不约而同地转过头看向说话的店员。那个店员四十岁左右的样子，有点凌乱的短发十分扎眼，表情有一些不耐烦，白色的工装上有一些污渍，很显然，不像是刚洗过。

我和朋友互相看了一眼，朋友感叹道：“有将就的态度，就会有将就的人生啊！”

中间隔了两三个月，我再从那家超市门口路过时，看到那家超市已经换了牌子，从外边来看，似乎生意还不错。

我停下脚步走进去一看，货架上的物品都整齐划一地摆放着，地面也打扫得光亮洁净，就连最容易藏污纳垢的蔬菜区，也打扫得干干净净，让人忍不住想多买一些东西回去。

对比之前的那个超市，很难不承认，事事将就和事事讲究，结局肯定是不一样的。

这个道理，放在我们自己的人生长河里，也一样受用：那些能把小事做到极致的人，都不会让将就毁掉自己的人生，好的人生，是将就不出来的。

02

当初上初中时，我的英语学得最差，每次老师让背单词和句子时，我都是抱着一种反正背了也不会的态度，在英语课上开小差。

每次看着同桌背得非常投入的时候，我还调侃她：“差不多背背算了，反正以后又不用英语交流！”

同桌总是会意味深长地对我说：“即使以后用不到，也要认真对待啊！”我不以为然，还在心里嘲笑过她过于较真，不懂变通。可很快，我就意识到了自己的狭隘。

记得有一次，英语老师早上进行小测试，让大家拿出练习本，老师念，我们在下面写。三十个单词，我写对的还不到一半，句子更不用说，错得一塌糊涂，没有一个是完整的。而我的同桌，三十个单词和五个句子，没有一处错误，受到了老师的表扬。

后来，学校有一个可以去市里参加英语演讲比赛的机会，要在我们年级三百多名学生里挑选两个人参赛。经过层层选拔，我的同桌脱颖而出，成为其中之一，代表学校去参赛。比赛的结果我记不太清了，只记得她回来时抱了一个奖杯，金光闪闪的那种，在阳光下真的会发光。回到座位上时，我还特意把她的奖杯借了过来，摸了一遍又一遍，心想要是哪天自己也能捧个奖杯回来，我的人生也算圆满了。

当然，我到现在也没有得到过一个奖杯，但当初老师的一段话，至今印刻在我的头脑中："学习不仅仅是知识的输入，同时也是习惯的培养。你对学习将就，学习成绩也会对你将就。你现在将就一次，就会有下一次，久而久之，就会形成习惯。到那个时候，你就不只是学习将就了，就连人生都会过成将就的样子。"

直到后来走向工作岗位，我也总是能记起老师曾经说的话，不敷衍了事，不得过且过，尽量把自己的工作做到满意为止。

哪怕没有"金光闪闪"的奖杯，我想，我学到的认真对待生活、事业，还有自己人生的态度，才是最"金光闪闪"的。

03

生活中，我们总能看到一些人，对任何事情都怀有敬畏之心，从来不愿将就应付。

就像我的同事小晶，她在我们单位工作了快十年，工龄不算短。一般情况下，很多人到这个时候就会出现职业倦怠，但小晶不是，她对于工作一直都是尽力做到完美。

有一次，学校要求每个班级各办一个主题板报，需要用到一些贴画，但附近超市都没有买到合适的，最后只能在电脑上打印出来，自己动手剪裁，粘贴。

很多人都是随便在电脑上找一些简笔画素材，打印出来，随便剪裁，粘贴上去，只图个速度。

而小晶把自己的电脑拿出来，认真地坐在电脑前，搜索大量与主题相符合的图画，对比色调、大小，精挑细选了几十张图片打印出来，然后拿起剪刀认真剪裁，争取每一幅画都修剪完美，最后再进行合理搭配粘贴。

几个同事不解地问小晶："这贴上去也没多少人看，干吗要花这么多精力在这上面？差不多得了。"

小晶抬起头微笑着说："这一件事总归是要做的，也总是要花费精力的，与其敷衍了事，不如尽量做到完美，也对得起自己花费的时间和精力啊！"

听到小晶的这番话，我瞬间对她充满了敬意。不管有没有人看，当一件事不得不做时，那些还能将事情做到尽善尽美的人，才是最后的大赢家。

04

可能，现实生活中的很多人，不管是对待生活，还是工作，抑或自己的人生，总是持一种差不多的态度。

差不多的一日三餐，差不多的一年四季，做一份差不多的工作，找一个差不多的另一半，继续重复差不多的生活和人生……

殊不知，正是这种“差不多”的态度，使得最终的结果与我们预期的结果相差甚远，退而求其次的结果，只会收获一个平庸的人生。

胡适的一篇文章中提到过这样一个人：“提起此人，人人皆晓，处处闻名，他姓差，名不多，是各省各县各村人氏。你一定见过他，也一定听别人谈起过他。差不多先生的名字天天挂在大家的口头，因为他是全国人的代表。”

最初看到这段话时，我忍不住笑了起来。

接着，胡适又写道：“差不多先生的相貌和你我都差不多。他有一双眼睛，但看得不很清楚；有两只耳朵，但听得不很分明；有鼻子和嘴，但他对于气味和口味都不很讲究；他的脑子也不小，但他的记性却不很精明，他的思想也不很细密。他常常说：‘凡事只要差不多就好了，何必太精明呢？’”

胡适笔下的差不多先生，将“差不多”诠释得淋漓尽致。可失之毫厘谬以千里，今日差一点，明日差一点，以后的每一天都差一点，拉长自己整个人生的跨度，差得就不是一点点。

以将就的态度对待生活，生活也将回报以得过且过的结果；而当我们以精益求精的标准要求自己时，生活也会回报我们相对完美的结果。

正像我们的人生，如果我们对人生认真，人生也会对我们认真；而当我们对人生将就时，人生也会对我们将就。

只要心中有希望，生活就不会绝望

01

去年分到我们单位两个姑娘，其中一个刚好和我同宿舍，平日里也就聊得多一点。

姑娘当年因为高考时过度紧张，发挥失常，无缘自己心仪的大学和专业。她又一心想要报考汉语言专业，想着有朝一日能当一名语文教师。经过一番深思熟虑，姑娘决定回学校复读，来年再考。

在很多复读生的心中，承受的压力不比应届生少，甚至更多。但她明白，复读是她唯一的希望，只有通过这条路才能实现她的梦想，只要心中有希望，生活就不会是一潭死水，毫无波澜。

那一年，她比第一年更加用功学习，别人早上六点起床，她五点半就已经收拾妥当，在教室里背书。中午也不曾休息，吃过饭就进教室，开启学习模式。每天晚上，宿舍熄灯之后，她就独自一人在楼道里微弱的灯光下做习题。

那是她最难熬的时刻，也是最有希望的时刻，她始终坚持着自己的梦想，披荆斩棘地向着自己的目标走。

果然应了那句话："功夫不负有心人。"第二年高考时，她如愿考入心仪的大学，选择了自己喜欢的汉语言专业。

毕业后，又如愿考上编制，进入我们学校，成为一名语文教师。如今，学生就是她的希望，她将自己多年所学，毫无保留地传授给学生，也凭借自己的人格魅力，成为我们学校最受学生欢迎的老师。

我曾经看到过这样一段话：**“我们必须对生活先有信心，然后才能使生活永远延续下去，而所谓信心，就是希望。”**

是啊！当心中尚且有希望，前路就不会只有荆棘丛生的困境，循着希望之光，总有一天能找到属于自己的天地。

02

之前有一个同事，我们都叫她刘姐，她一直像大姐姐一样照顾我们这些新人。无论是在工作上，还是生活上，她总是在我们遇到困难时，第一时间冲向前帮我们渡过难关。

就是这样一个善良热心的人，却没能得到生活的眷顾。

刘姐有着一个并不完整的家庭。她的孩子是一个脑瘫儿，常年需要人照顾。刚开始的时候，刘姐的婆婆还能帮衬着照顾，可随着孩子越来越大，婆婆越来越老，照顾起来并不轻松。后来，婆婆的身体开始出现各种问题，常年需要靠药物维持，行动也不太方便，也照顾不了她的孩子了。

刘姐在万般无奈之下，便和丈夫商量，能否有一个人辞职回家照顾孩子。因为刘姐的工作相对来说比较稳定，收入也能暂时维持家用，双方决定由丈夫辞职照顾孩子。

孩子的病始终没有好转的迹象，寻医问药的道路越来越艰难，刘姐家的生活也越来越困顿。几个月下来，丈夫就忍受不了这样看不见希望的煎熬，一年没到头，就和刘姐提出了离婚，孩子由刘姐抚养。

就这样，刘姐一夜之间成了单亲妈妈。看着可怜的孩子，刘姐不得不更加卖力工作，只为有一天可以赚足够多的钱，医治好孩子的病。

我们每天在办公室里，根本看不出刘姐有什么异样情绪，工作永远一丝不苟，业绩也一直高居首位，很难想象刘姐的内心承受了多大的精神压力。

孩子是她活下去的唯一希望，也是她不断前行的动力。真是可怜天下父母心，身单力薄的刘姐一直都在为孩子操劳奔波。因为爱，所以她愿意舍弃自己的生活，乃至自己的人生。

就像刘姐在一次工作汇报中所说的："希望不灭，自己就永远不会被苦难打倒。"

生活对于任何人，都不是绝对的公平，可能有些人一生平安顺遂，而有些人却要承受种种磨难。但无论如何，只要心中对未来充满希望，脚踏实地一步一步地向前走，总会有柳暗花明的一天。

03

就像前段时间，我的事业处于低谷时期，身体又出现了各种问题。我也曾抱怨命运为何待我如此凉薄，让我承受事业上打击的同时，也让我受尽身体上的折磨。

那时候，我几乎每周都要去医院，喝西药不行就换成中药，连着喝了几个月的中药，身体才稍有好转。但抵抗力依旧很差，一不小心就会发烧，不得不承受着身体和精神的双重打击。

朋友见到我都会感慨："怎么清瘦了这么多呢？脸色暗黄无光，再不多吃点，人都要瘦飞了。"我也不好开口，只能一笑而过。

我抑郁，情绪低落，自我怀疑，工作没有一点起色，放弃不是没有想过。直到后来我认识了一位长者，她在了解了我的情况之后，一语道破我的症结所在："最主要的原因还在于你自己的心态啊！姑娘。你太容易自我否定，才感觉看不到希望。时间一长，情绪当然就会崩溃，这样就间接性导致身体出现问题，形成恶性循环。"

在她的开导下，我慢慢地走出了自己的悲观情绪，试着用文字表达自己，多想一些开心的事，对生活寄予希望，朝着自己心中的希望而走，这才有了如今充满正能量的我。身体渐渐转好，心情也变得无限明媚，就连工作也顺心多了，干起来也不再感到有心无力。

04

我想，每一个人可能都会有这样的时刻：对生活不抱希望，对人生感到绝望。不敢想象自己的以后，总觉得自己这辈子可能就是这样，没救了。

不是还有那么一句话嘛！没有走到最后，谁也不知道笑到最后的人是谁，我们怎么就能肯定，那不会是自己呢？

我们一定要相信，只有自己能掐灭自己心中的那盏灯，别人在外边是无法向我们的内心使力的。心存希望的人，才能够化困难于无形之中，化绝望为希望。

无论多么艰难的日子里，只要我们不放弃，生活就不会放弃，只要心中有希望，生活也永远不会彻底绝望。

要记得，人生有时需要点"盲目"自信。

人生没有假如，一切都是自己的选择

01

夏颖姐前几天刚过了三十岁生日，她在生日当天更新了一条朋友圈："假如时光倒流，回到十年前，我一定不再放纵自己，而是要好好活一把！"

我在下面评论："如何好好活一把？"她秒回："就是该学习时努力学习；该恋爱的时候用心恋爱；该工作时不再三心二意……"

想来夏颖姐说的这些，在她过去的十年里，的确没有认真去做。

学习上，她得过且过，大学期间以玩为主，每门功课都是勉强过了及格线；恋爱上，她也总是很敷衍，谈过几场恋爱都以失败告终，至今仍是单身；工作上，她更是这山望着那山高，频频跳槽，如今已经三十岁了，还没有一个明确的职业规划。

夏颖姐说，她看着周围的朋友，一个个过得都比自己体面，就忍不住悔恨当初，为什么没有好好珍惜时间，没有努力提升自己的各项能力，没有为后来的人生之路做好准备？

听她说的时候，我也陷入了沉思。

人这一辈子，应该没有多少人活到人生最后时光的时候，敢说自己这一辈子没有一点遗憾的事。

或许，我们都不可避免地，走到人生哪个阶段，就会有那一个阶段特有的心境。十年前的我们，可能就是一心求玩，不愿意伤神费力地去想，“未来的自己”会希望“现在的自己”做出什么努力。

十年时间的磨砺潜移默化地改变着我们的心境，人会随着自己年纪的增长，有了和年纪相匹配的思想和认知。

所以，我们没有办法去预测，“未来的自己”需要一个怎样的“过去的自己”。我们只能做好现在的自己，尽力让未来的自己不那么失望。

02

夏颖姐的这种心理，坦白讲，我自己也有过。

在写作这条路上走得越久，我越能感觉到自己的浅薄与无知。

刚开始写文时，我还能凭借灵感写出一两篇文章。后来写得多了才发现，自己的阅读量是硬伤，没有足够有效的输入，文章就像失去了养分的枯草，自然也不能焕发该有的生命力，常常是我自己磨上十遍二十遍，依然觉得差到想要推翻重来。

在这期间，我常常一个人坐在窗口发呆，脑海里会有一个很有学识的女神形象：披肩长发，复古眼镜，眼神坚定，怀中抱着一摞书，一身文气，穿梭于人群，落座于安静的图书馆一角，从早到晚埋头专心看书……然后，大学几年博览群书……嗯，这个女神要是我就好了！

搞笑的是，每次想到这里时，我都能把自己逗笑，这怎么可能是我呢？自己几斤几两，我再清楚不过了，没有什么学识，也没有什么文化底蕴，别人给我推荐书时，我第一句话问的永远都是：“我能看懂吗？”每次都能成功地把别人劝退，再也不给我推荐书看。

我常常幻想，假如让我回到小时候，我一定会把家里所有的书一本不落地精读一遍；我也一定会在上学期间，把所有的课余时间都用来泡图书馆，提高自己的认知高度。

那段时间，我每天有一多半的时间都处于这种回不去的幻想中，导致当下的时间在我的幻想中，一点一点地流逝。

第二天又重复前一天的状态，无限循环。即使我前一天做了完美的读书计划，第二天拿起书时，也会感到后悔：为什么没有早一点看到这本书呢？若这本书我在十几岁时就看过，那我的思想高度肯定会有所不同。

即使我心里清楚，这种想法根本就不可能实现，但我还是控制不住自己，去幻想，去悔恨。

03

好友清清看我最近的状态不对，常常一本书在手，却一二十分钟也没怎么翻页，便和我聊了起来。我像抓到了救命稻草似的，向她一吐为快。

她听后缓缓地开口：“时光不可逆，当初的一切，其实都是我们自己的选择，后悔没有任何作用，反倒会让我们陷入焦虑的状态，无法自拔。只有让自己跳出悔恨过去的怪圈，才能真正找到当下的意义。”

的确，过去的已经成为无法改变的事实，而现在才是我们改写人生画板的最佳时机，该怎么设计自己的人生，靠得是现在的自己，把握好现在的每分每秒，动笔去勾勒和着色。

智者会把精力用在当下，而愚者则会把精力用在悔恨过去。

人生从来没有假如，每一天该怎么过都取决于自己当下的心境。就像那句话说的：“人生没有彩排，每一天都是现场直播。”

每一天都是我们生命中的限量版，若总是盯着过去悔恨不已，又有什么精力，经营好限量版的今天呢？

过去的哪怕是一秒钟时间，我们也回不去了，与其悔恨当初，不如着眼当下，用心过好现在的每分每秒。

04

生活中，我们总能听到这样的话：“假如让我回到上学期间，我一定会好好学习，哪怕再苦再累也会坚持下去；假如再给我一次机会，我一定会拼尽全力去把握机会；假如当初没有轻易放弃，现在我的人生或许就是另一番模样了；假如人生可以重新来过，我一定不会让自己的人生留下太多的遗憾……”

很多时候，我们把现实的不如意，都归咎于过去的遗憾，常常幻想“假如回到过去，现状就不会是这样的了”。

可“假如”只是对过去的一种幻想，永远不可能实现。

过去也不可能因为我们的一次次“假如”，就真的变成我们想要的模样。有些结局，在当初做出选择的那一刻就已经决定了，回不去，也改变不了。

其实，过去的遗憾，在一定程度上，也是在成就现在的自己。

关键是我们怎么去看待那些遗憾，若一直沉溺其中不能自拔，那只会消耗自己的精力，疲惫前行；若能从过去的遗憾中得到一些教训，并用在今后的选择中，则会成就我们自己的未来。

人生没有假如，一切都是自己的选择。选择错误不可怕，可怕的是用现在宝贵的时间，悔恨过去的遗憾。

要记住，生活永远无法重来，把握当下，眼看前方，我们才能让自己的人生少留遗憾，活得才会更加精彩！

你哪里是没时间，分明是懒

01

前段时间，好友小影信誓旦旦地说，她一定要报个成人钢琴班。

学钢琴这个愿望，是她从小到大一直就有的。在我的记忆里，她已经说了至少有二十年，可现实是，她一次也没有行动过。如果说上学时，学业繁忙没时间学，经济不独立没钱学，这些我都能理解。可后来上班了，她的工作也不算太忙，工资也是我们这帮同学中最高的，我们还曾调侃她"张大富婆"。我想，这次她一定是下定决心，不会再有变动了。

可两个多月过去了，也没见小影有动静。

我在微信上问她，钢琴学得怎么样了？她秒回我一个大哭的表情，接下来就是一通抱怨："姐们儿，我哪有时间啊，白天上班累得浑身疼，晚上只想躺床上一觉睡到天亮，学钢琴也只是想象一下，实在没什么精力去学啊！"

我一看她秒回微信，就知道她又在刷手机。她的这一堆借口，我已经听了不下十遍了，本来还想着她"改邪归正"，走上"正道儿"了，谁知她依然在为自己的懒找借口。

上学时，我就经常听到她说，特别想学钢琴，可是每天功课这么多，实在是没时间，还是等有时间了再说吧！上班后，又说自己工作太忙太累，没时间也没精力学，还不如躺在被窝里补觉舒服，等有钱又有闲时再学吧！

这一等就是二十多年，可她始终是没有时间。回想起这一路走过来，其实小影的时间并不像她自己说的那么稀缺。

上学时，钢琴室只要办卡，每周开放时间内都可以进入免费练琴，可小影每次都以“没时间”为由，连钢琴室的门都没有踏进去过。

上班后，她过着朝九晚五的日子，却一直借口工作累，没时间干别的事情。如今，已经奔三的年纪了，小影依然没有开始学习钢琴，学钢琴只是成了她口头上的爱好。

看着她一次又一次给自己找借口不去学，我也懒得再和她讨论学钢琴的事了。以她这种状态，到老也未必有时间去学习弹钢琴。

很多时候，并不是我们没有时间去做某件事，而是太喜欢给自己找借口。借口越多，人越懒。

02

有一段时间，我也因为懒，被朋友说得无地自容。

一天早上，朋友阿瑞给我发了一个截图，点开一看，原来是我的微信公众号发文记录截图，文章间隔的时间，从原来的每周四五篇，到现在的一个月一两篇，发文频率一直在降低，直到后来干脆不更新了。

为了激励我能够勤快些更文，阿瑞又发了另外一个文友的公众号截图，能够看出来，这个文友坚持日更。

阿瑞发来一段语音："你看看人家坚持日更的公众号，再看看你随心所欲的公众号，再不更新我就要取关了。"

我当时有些赌气地说："那是人家有时间，我哪有那么多时间去写文啊！"接着，我为了能够懒得心安理得，拼命地解释："我早上睁开眼，就是看着学生上早读，早读刚一结束，就要忙着讲课、批改作业、备第二天的新课，还必须得手写领导布置下来的各种材料，培训一大堆。每天的工作压得我喘不过气来，下班之后还要洗衣做饭，睡觉的时间都快没有了，哪还有时间写文啊！"

阿瑞直接忽略我的解释，甩给我一句："你哪里是没时间，分明就是懒。"说完便不再理我了。

我盯着这句话，沉思了很久。

的确，我之所以说自己没时间，不过是为自己找了一个可以堕落的借口，因为我实在太贪恋闲下来的生活，不用浪费脑细胞去构思一篇文章，也不用为了找到一个合适的素材，而翻遍各大网站高赞热榜，更不用坐在电脑跟前，苦哈哈地盯着电脑屏幕一个字一个字地敲进文档里……

这样闲散的日子，光是想象一下就让人特别向往。所以，我懒得去精进自己，却总是以自己没时间为由，躲避很多需要动脑筋的事情。

只是，我也发现了，我越是借口自己没时间，越是容易把时间浪费掉。

一天 24 小时，除去工作吃饭睡觉的时间，其他的时间细想起来，我啥事也没干成。你说我没追剧，我也追了，但心思总感觉容易抛锚，往前追追，突然某一刻，发现之前的剧情好像没记住，再倒回来看看。你说我看书没，我也看了，但和追剧一样，心不在焉，效率极低。

后来，我开始正视自己的问题，决定以后每天都抽出固定的时间看书，坚持把文章写下去，不再把所有的问题都归结于“没时间”。

一切问题的根源，不是没时间，而是因为我太懒，大脑和身体一样贪恋安逸。

03

朋友圈里有一个朋友，每天早上五点半起床打卡。

有一次，我问她每天起那么早干吗，为什么不多睡一会呢？她轻轻一笑回答我：“因为这样，我每天就能多出来几个小时，干自己喜欢的事情，哪怕就是早起出门转一圈，呼吸一下新鲜空气，也是一种收获啊！”

当我们在抱怨没有时间的时候，有人选择早起几个小时，来为自己的梦想积蓄力量；当我们因为自己的懒，做任何事情一拖再拖的时候，有人已经利用每天的碎片时间，干成了很多事情。

对于我们大多数人来说，最大的差距不是能力上的差距，而是对待时间上的差距。

你如何对待时间，时间也会如何对待你。你无视时间浑浑噩噩，时间也会无视你的存在，飞速流逝；你若珍视时间勤勤恳恳，时间也会珍视你，你的每一分钟才能过得有价值。

人都有惰性，我们大多数人，都愿意把时间用在刷手机、逛街、睡觉，甚至发呆这样的事情上。为什么？因为这些事情，往往不需要我们绞尽脑汁去思考就能完成，轻轻松松，不用花费自己太多的精力和心思，还能娱悦自己的身心，增强自己体内的快乐感。

而需要花时间和精力去做某件事的时候，我们往往就会开启大脑里的惰性功能，能拖就拖，能不做就不做，给自己找各种借口，合理化自己的惰性。

只是，时间对每个人来说，最公平不过，与其说是没时间，不如说是自己懒。

没有人生来就懒惰成瘾，大多数人不过是自制力不足，贪图“懒”带给自己的一时舒服，使得自己的意志力，没能战胜自己身体上和心理上的惰性。

想要一生不留遗憾，从现在起，戒掉懒瘾，迈开脚步，开始行动。别让你现在的懒，成为你追梦路上无法逾越的坎。

人生，就是敢于解锁各种可能

早些年，看作家大冰的书《乖，摸摸头》时，被一段话深深地触动了。他说：“喂，若你还算年轻，若身旁这个世界不是你想要的，你敢不敢沸腾一下血液，可不可以绑紧鞋带重新上路，敢不敢勇敢一点儿面对自己，去寻觅那些能让自己内心强大的力量？”

这个问题一瞬间就点燃了我的内心，在当时那个情境下，我其实也不太清楚，让自己内心强大的力量究竟是什么。只知道，我的人生应该还有其他的可能，等着我去探索，去点开那个启动键，开启更精彩，或者说更多样化的人生。

如果你要问我是怎样的一个人，我一定会回答你：“我是一个超级能‘折腾’的人。”

01

农村出身的我，家境一般，从我上高中时，就在学校餐厅里帮忙卖饭，没有工资，但一日三餐是免费的。这样一来，我每学期的伙食费家里就不用操心。

这样的状态持续到大一。大一上半学期我还在学校餐厅里卖饭，同样是没有工资，管一日三餐。但大学里不像高中那会儿，高中时大家为了能多学习一会儿，都是赶时间买饭吃饭，卖饭的时间并不长，我学习的时间也就没有耽误太多。

大学里，大家有充足的时间去吃饭，我卖饭的时间也随之变长了很多。有时候，能从中午十二点卖到下午两点左右，晚上的时间更长，好多次都要卖到八九点，通常是别人已经洗漱好钻进被窝里，刷手机或者追剧，我才拖着疲惫的身体回到宿舍。身体累倒是次要的，重要的是，我的心里有些疲惫，总觉得这不是我想要的生活。

其实，也是从那个时候起，我就在心里盘算，自己这样每天忙碌好几个小时，换来一日三餐到底值不值得，并不是没有赚到钱不值得，而是没有时间交朋友，也没有时间认真钻研自己的专业知识，更没有时间去看自己喜欢的小说，让我觉得有点浪费自己的青春。

干的时间越长，我越觉得自己投入的时间成本和那些时间所带给我的成长空间和价值不太对等。记得后来听一个朋友说过："大学里最不值得你去做的事就是那些没有什么提升价值却很廉价的兼职，你应该用这些宝贵的时间，去努力提升你的认知和思想。"

我的认知也是在那个时候开始发生改变，我意识到，即使整个大学我都在餐厅卖饭，可能对我的成长来说作用也并不大。

于是，我开始有意识地寻找自身的另一种可能。

02

尽管现在看来，那时候的一些寻找，还是局限于自己当时固有的认知里，没什么突破，但那些经历也确实让我成长了。

我辞去了餐厅的工作，周末和室友一起去市区做促销，学着如何和顾客打交道，如何向顾客推销我们的产品。我的普通话也是在那个时候练起来的，虽然工资不高，却让我看到了自己身上更多的可能性。

在推销化妆品的时候，老板要求每个人上班必须化妆，之前从来没有接触过化妆的我，硬是在两个月内学会了多种基础款妆容，也对护肤和彩妆有了更深的了解。

如果不是去做化妆品促销，可能像我这种整日素面朝天的人，这辈子都懒得去学习化妆，也不会在后来参加教师招聘考试面试的时候，免去求人帮忙化妆的麻烦，自己就可以给自己化一个美美的淡妆去参加面试。

之后，我也凭借大学里学到的与人沟通的技巧，在毕业实习的时候成功面试上了一家规模不算小的食品公司，真正开启了我的工作生涯。

03

虽然在那个公司干了没多久我就辞职了，并且大学毕业的前两年里，我的工作一直都不稳定，在市区最繁华的地带干过库管，也在规模很大的4S店做过出纳，还面试过一家大型连锁超市的收银，面试过了，最后一个环节我放弃了……

但我做过的很多种尝试，试过的很多错，都使我越来越清楚，那些都不是我想要的人生。而我想要的人生，还在未来不知道哪个地方，等着我去靠近。

一直以来，我都有一个梦想，成为一名商人。

也许是我极度渴望自由，不喜欢被人管控约束的感觉，在我的骨子里其实更向往能成为一名自由职业者。而商人，就刚好满足了我当时的这个幻想。

可能，很多人会认为商人有商人的身不由己，也有很多的无可奈何。但在我看来，至少比给别人打工，要自由很多。这个认知或许不够成熟，但不妨碍我去勇敢尝试。

我进行了一些市场调研，对比了很多产品，最终决定卖袜子。在我当时有限的认知里，一度觉得袜子是人人必需品，也不怕压货，并且投入的成本也相对其他衣服鞋子之类小一点。

下定决心之后，我就开始在网上选货源、购货、并想办法去销售。因为我走的是薄利多销，卖价定得不算高，很快第一批货就卖空了，然后我又进了第二批货。也算幸运，第一次创业，虽然赚得不多，但我也乐在其中。

第二批货赚回成本之后，剩余的货我就没有再卖。

因为我的教师资格证考下来了，我想要为自己曾经的梦想拼一下，解锁人生新的可能。

一年半时间，我把这个“可能”变成了“现实”，成功上岸，成为一名小学老师。小时候的我，最喜欢数学；长大后的我，教学生们数学，人生的可能性还真是神奇。

工作的第二年，我又开始利用晚上下班的时间，重拾自己小时候的梦想，走上了写作这条路。我不知道别人下了班之后的日子是怎么过的，我只知道，这些年来，大多数下班后的时间，我都用来看书写作，追逐自己曾经的“作家梦”。

以后，我可能还会解锁自己人生更多的可能性，至少我会一直在路上，一点一点打开自己的格局，能走多远就走多远，哪怕这条路上荆棘丛生，我也要披荆斩棘往前冲。因为只有往前冲，我才能冲出一条属于自己的路。

04

我在网络上看过一个让我特别有感触的故事。

故事的作者说，她的妈妈，总能在她沮丧的时候，给她力量。

她的妈妈生于二十世纪六七十年代，是家中老大。因为家里条件不好，为了上学，妈妈靠自己打工赚学费上了中专，毕业后分配到当地的县医院，有了一份稳定的工作。

她的妈妈并没有因此而停止学习，在医院轮岗期间，通过自考考上本科，虽然研究生考试卡在了英语上，但她的妈妈一直没有放弃过其他方面的努力，去大医院进修，提升自己的专业水平。

在进修期间，她的妈妈又接触到了心理学，看书考证，自费去听各种心理学的课程，参加各种导师的辅导课。

总之，在学习这方面，她的妈妈从来没有停止过。

在那个心理咨询并不太火热的年代，她的妈妈毅然从那个待了二十年的医院里辞职，租了一个小店铺开了一间心理咨询室。

虽然后来，这个咨询室因为市场不景气关了门，但她的妈妈一直没有放弃，又花了五年时间，不断提升自己，成为当地有名的心理咨询师。

这个过程里的艰辛，我们可能很难感同身受，但这种“人生不设限”的劲儿却给我上了生动的一课。

我更加确定自己的目标：我要不断地努力，做终身学习的践行者，学习写小说、学习心理学、学习硬笔软笔书法、学习摄影……

这些我都会一一去实现，希望有一天，我的女儿说起她妈妈的时候，也能很骄傲地说：“在学习这方面，我的妈妈从来没有停止过。”

05

人至中年，当我去回忆自己走过的路时才发现，很多事情早在多年前就已经注定了：有些事情，我非做不可；有些道路，我也非走不可。

只是，当初的我，又怎会知道，多年后的自己，不仅没有安于现状过自己的小日子，反而是一路“折腾”着，走过了那么多沟沟坎坎，走上了一条“永远在路上”的道路，不断解锁自己人生更多的可能性。

人的一生，如果把自己困于一个很小的天地里，见有限的人，做单调而重复的事，一天怎样过，一年就照着样子重复过，到老去的那一天，再去回忆自己的一生时，会是怎样的心情？

我有一种强烈的预感，如果我是这样过一生，到老的那一刻，我应该会觉得自己的一生是悲凉的。

只有我“折腾”够了，把自己身上的可能性足够多地挖掘出来了，我才会觉得，自己这一生没有白活。

不自我设限，我们的人生，才会有无数的可能。

你说，对吗？

第四部分

总有人，在默默惦记你

能把别人放在心里的人，也会被别人放在心里，收获信任与尊敬，这本身就已经是一种福气。

我们不必为那些提前离开的人感到遗憾。既然他选择离开，就一定有离开的理由，不强求，不挽留，就是最好的告别。

这世间，总有一些人，在我们的世界里出现。然后，温柔了岁月，惊艳了时光，让我们感慨道：“还好有你们哦！”

最高级的聪明，是把别人放在心里

01

有天下午去单位，路过一个菜摊，我停下来挑了几个西红柿。我拿起手机准备付款，老板娘说不够十块钱的，建议我凑个整，说着她便随手拿了一个西红柿放进去。

我付过钱之后，匆匆提着西红柿回单位了。晚上回到家做饭的时候，我打开袋子，发现有一个坏西红柿。透过薄透的皮能看到里面的瓤已经变色了，轻轻一捏便流了一地的烂汁。

原来老板娘趁我不注意给我放了个烂的。我把西红柿扔进垃圾桶，心情坏到了极点，发誓再也不去那家小摊上买东西了。

爱贪图蝇头微利的人，总喜欢把别人当傻子。殊不知，他们所占的每一分小便宜都会让自己的路越走越窄，这样的人是很难把生意做得长久的。

这种人看似有所得，其实失去的东西比得到的更珍贵。一个小小的举动就能将信誉拉低，如果失望的顾客多了，必然会得不偿失。不过他们自己并不会察觉，只会为自己的小聪明而扬扬得意。

其实，人都很聪明，只是大家发挥聪明的方式不一样，所表现出来的境界也各不相同。有些人聪明里带点狡诈，处处精明算计，爱占他人的小便宜。有些人聪明里带点清高，不侵犯他人利益，别人也休想从他这里讨得半点好处。有些人聪明里透着厚道，推己及人，愿为他人着想。

以心机待人，别人还以防备；以厚道待人，别人还以信任。厚道一点，把别人放心里，自己并不会吃亏。

02

邻街有一个超市，是前几年刚开的店，店面不大，但生意却红红火火，并且很快就在另几条街区开了分店。超市每到晚上人流量特别大，尤其是蔬菜区，一到傍晚就开始打特价，小白菜两把两块钱，青菜一把一块五，还有很多菜都很便宜，成色也还不错。

起初看到他们这样做，我还很不解地问过售货员，好好的菜，为什么要这么便宜处理掉呢？售货员解释说，超市规定蔬菜只卖一天，即使当天没有卖完也会扔掉，第二天再上新的。能让大家便宜买到菜，总比白白地扔了强。

后来我发现，他们不但蔬菜是这样卖，连散装糕点也是如此，一到晚上七八点就开始买一送一，坚决不让产品过夜。想起之前在别的超市里买过的酸豆腐和烂毛豆，我终于明白他们店为什么生意会那么好。

连蔬菜的新鲜都毫不掺假，还有什么不值得信任的呢？应该很多顾客都跟我一样，宁可舍弃楼下超市的方便，也愿意绕道去他们那里买日用品，就图买个放心。

《老子》有云："大智若愚，大巧若拙。"

真正聪明的人，都知道细水长流的可贵。要想获得别人的信任，就要从细节做起，把别人放心里，才能得到真诚的回报。

03

在我们老家，农闲时节，村民们都会打点零工，他们没有固定的老板，一般都是跟着工头早上出发，晚上回来。我二叔就是这其中的一员。

有一次，我在二叔家闲聊，聊起他最近打零工的经历，二叔对他的工头老李赞不绝口。二叔从客厅的桌子下面拿出一个垫子给我们看："这是老李看我们中午没地方休息，说睡地上湿气重，给我们每人买了个垫子，方便我们午休用的。"

二叔跟着老李在市里面给绿化带拔草浇水，每天的工价并不高，别的工头开 100，老李只开 80，但二叔就愿意跟着他干。本来打零工不包饭，但每到中午老李都会给他们打包送点吃的东西过来。老李发现绿化带附近的小馆子不多，大馆子大家也不舍得去，他不忍看着大家只喝点开水、吃点干粮就凑合了，所以就每天给他们送吃的。

二叔说，其实这样算下来，一天拿 80 块也比别人赚得多，更重要的是，活儿干得舒心。他们一帮人都特别信任老李，只要是老李开口，无论工钱多少，他们都会随叫随到，甚至有时都不问工价，因为他们知道，跟着老李干活绝对不会吃亏。

厚道之人自带温暖，让人感到安心踏实。最高级的聪明，是把别人放在心里。有句话说，"与人为善，福虽未至，祸已远离。"其实不仅仅如此。

能把别人放在心里的人，也会被别人放在心里，收获信任与尊敬，这本身就已经是一种福气。

与其带着聪明去计较，不如在聪明里留点厚道。能为他人着想，才是人生大智慧。

总有人，在默默惦记你

01

前段时间，我收到了一份特殊的礼物。

快递员小哥给我打电话时，我有些迷惑。因为那段时间，我没有在网上买过东西。拿到快递时，我打电话问了周围很多人，却没有一个人知道这回事。

就在我疑惑不解时，微信里显示了一条消息，是瑶姐发来的："妹妹，书收到了吧？"这时我才知道，这一套我心仪了很久的书是瑶姐送的。

我有些惊讶，因为我和瑶姐是在网上认识的，从未见过面，仅仅是因为都喜欢看书写文，关系就近了一些。我也只是在一次聊天中提到过，喜欢严歌苓老师的小说，瑶姐就记在了心里，还给我寄了这一套珍藏版的书籍。

那一刻，我不自觉地嘴角上扬，笑了起来。这种被人惦记的感觉，让我觉得很温暖。

我看过一段话："真正对你好的人，一辈子不会遇到几个。有人为你点亮这个世界的灯，有人为你拨开你心里的尘。"

我想，瑶姐送给我的不仅仅是礼物，更是点亮我生活的灯，拨开我内心的尘。

以前的我，即使有惦记的人，也不大会表达自己的情感。如今，我也开始试着去表达对别人的惦记。被人惦记，得到的是一种温暖；有惦记的人，付出的是一份幸福。

茫茫人海中，我们会和很多人擦肩而过，真正和我们有交集的人并不多，真正能把我们记在心里的人，更是屈指可数。

正因为真心难得，所以我们才更要珍惜。

02

朋友希希讲过一个故事。

某年生日那一天，她谁也没说，也没有像往年那样发朋友圈求祝福，而是一个人加班到深夜。她在一家 24 小时营业的便利店里买了一包泡面，准备回到租住的公寓里煮了吃。

谁知，她到了门口才发现，父母已经等了她一整天，只为给她过一个生日，旁边还放着他们早已准备好的蛋糕。

希希从毕业开始就一个人在省城工作，打拼了这么多年，每年除了过年回趟老家，其他时间都很少回家。

因为知道她工作忙，父母去之前也没有和她打招呼。希希说，她只给过父母一次自己的地址，还是当初让父母邮寄棉被用的，没想到父母竟然保存了下来，还靠着这个地址找到了她。

这是父母第一次到省城看她，人生地不熟的，寻找她的过程，可想而知有多艰难。她也从来没有想过，父母会来给她过生日。

因为每一年生日，她都是一个人过，父母最多打个电话，话也从来不多说。有时候，连一个电话也没有，她早已习惯了被人忽视的感觉。那年的生日让她又惊又喜，还一度怀疑自己是在做梦。

很多时候，父母对我们的爱是沉默无言的，却也是深刻入骨的。他们牵挂着你，不会说很多想你、念你的话，却会做很多爱你的事。虽然他们表达爱的方式有些笨拙，但却是最真挚无私的。

年龄越大，越会发现：父母才是这世上无论何时何地都会把我们放在心尖上的人。惦记我们的冷与暖，心疼我们的悲与苦。

03

很长一段时间里，我都觉得，人是越长大越孤单的。

孤单到想找个人聊天，翻遍微信中上百个好友，却没有一个人是可以随时打扰的；孤单到哪怕站在人群中，依然觉得内心是空荡荡的，无处可去，也无人可依。

大家都在忙生活，很少有人会时时刻刻地惦记着自己。

我们或许都一样，为自己的生活忙到昏天暗地，没有太多闲暇的时间，和父母打一通视频电话；也没有太多的机会，和好友见上一面。

我们都在自己的轨道上，孤勇前进，无暇顾及太多身边的人。

可是，哪怕在我们的世界里，各自忙乱的多，相互惦记的少，也总会有人，在世界的某一个角落里默默地惦记着我们。

那种被人惦记的感觉就像是，在这偌大的世界里，孤独感一下子被驱散，忽然多了一些归属感。

也让我们突然觉得：原来，还有人惦记着自己，这种感觉真的很治愈！

吵不散的，才是真爱

01

朋友和我讲过一个挺悲伤的故事。

她曾经被同一个人屏蔽两次。她和小景曾是多年的好友，但没想到，多年的友谊最终还是走到了尽头。

她说，小景第一次屏蔽她的时候，尽管她心里能感受到，她们的友谊已经岌岌可危，但她念及这么多年的情谊，不舍得失去这个朋友，便傻傻地问了那个没必要再问的问题："为什么我看不到你的朋友圈呢？"

其实，在她的心里早已有了答案，但还是不撞南墙不死心。小景很淡定地告诉她："没有吧！应该是熊孩子玩手机，不小心屏蔽的。"

随后，小景又把自己的朋友圈对她开放了。虽然看似挽回了这段友谊，但她更加清晰地认识到，这段友谊长久不了。

从那之后，她们两个人的互动更少了。她是那种不会主动切断关系的人，哪怕这个人只和她有一面之缘，她的世界也会有那个人的一席之地。

所以，哪怕她们很少联系，她照样在心里把小景当作朋友看待。

只是，这些都是她的一厢情愿。

前段时间，她无意中发现，小景又把她屏蔽了。而这次，她没有了第一次的失落和遗憾，而是内心很平静，没有一点波澜地接受了这一事实，毫不犹豫地一键删除了小景的微信。

真正的屏蔽，是在彼此的心里，而不是在微信上，微信上只不过是一种形式，彼此的心已远，屏蔽或者不屏蔽，又有什么关系呢？

她说，当时的她甚至觉得很轻松，终于不用再勉强维持下去了。尽管到现在，她也不知道，小景为什么屏蔽她，但这些似乎都不重要了。

真正的朋友，交的是一颗真心。但凡哪一段关系里缺少了真心，即使表面看上去多么和谐，内心也是相隔甚远的。

人这一辈子，会遇到很多人，但大多数都是你人生中的过客，只有极少数才是你人生的参与者。那些与你擦肩而过的人，不必遗憾，留下的才是值得深交的人。

就像孟子所说的："人之相识，贵在相知；人之相知，贵在知心。"

02

我有一个处了近十年的朋友阿筝。

阿筝是我高三时的同桌，因为当时我的作文写得比较好，她经常让我帮忙修改作文，便一直喊我"师父"。就这样，一喊便是近十年，直到现在，她仍然喊我"师父"。我们之间的情谊，也因为这一句"师父"变得比较特殊。

尽管高考后，我们去了不同的城市，但一直以来都有联系。

刚上大学时，我们都比较穷，平日里不舍得打长途电话，但我们仍然约定每月必须打一次电话，其他时间就用 QQ 联系。

每年过年，我们也约定一定要见面。这么多年过去了，除了去年疫情期间我们各自在家，中断了一次，其他每年我们都坚守了约定。

我们之间当然也有过争吵，有时候甚至会冷战，但这些并不会影响我们的情谊。我们没有因为哪一次吵架就分道扬镳，也没有因为哪一次冷战就相忘于江湖。

有人说："吵不散的才是真爱。"其实，这句话同样也可以用在友谊里。那些和你表面上和平相处，从来没有红过脸的人，可能某一天就消失在了人群中；而那些和你吵了又吵，红过无数次脸的人，却有可能始终陪在你的身边。

以前，我特别害怕和别人争吵，我怕一次争吵就断送了一段友谊。

可是后来，我终于懂了：**那些一吵就散，或者根本没有争吵，就断了联系的人，根本算不上朋友，顶多算是一个路人。**

只有那些吵不散的，才是真正的朋友。

03

作家苏芩曾说过一段话：**"有些人的心防很高，因此朋友不多、爱情也少。不过，他们仍是坚持自己的原则：高墙巨垒，翻不过来的都是路人。只要能用心翻过来的，都是一辈子的朋友。"**

朋友不在多，而在于是否真心相待。任何一段易碎的情谊都不值得我们去花费心思。

时间，带不走真心实意；同样地，它也留不住虚情假意。该走的，我们留不住；该长久的，自会留下来。

人与人之间，本就是一场以心换心的交付。只有自己付出了真心，才能交到惺惺相惜的朋友。

人生路上，谁也不可能活成一座孤岛，总要与人相处。朋友，便是我们生命中不可或缺的一部分。即使不能锦上添花、雪中送炭，但至少彼此真诚相待、互相惦记，也是最温暖的存在。

若我们的生命中，有那么一两个真心相待的朋友，请好好珍惜。因为愿意陪我们走过一程又一程风雨之路的人并不多，有一个就是幸运。

感谢你曾经来过，也不怪你中途离开

01

有一次，我在微信群里闲聊，看到一个熟悉的头像，点开大图确定就是发小净净。多年未见，能在微信群里碰到，我有点小激动，就想加她微信，方便日后联系。

点开她的头像准备添加时，我却发现添加不了。我在群里和净净说了一声，让她加一下我的微信，她回了一句：“好的！”

我左等右等也没等到她加我，我想可能是群消息太多，她忘了这事，于是又在群里和她说了一声。而这次，她没有回复我，却依然在群里活跃着，我能够感受到，她并没有加我的意思。

直到现在，我们依然没有添加彼此的微信，也没有再联系过。

人与人之间的关系，有时候真的很奇怪，明明以前好到任何秘密都可以分享，现在却连进入对方朋友圈的机会都没有；明明以前你把对方当成死党，如今却连普通朋友都没得做。

是什么时候，我们的关系开始变了？

也许是从彼此的生活不再有交集开始，也许是从不经常联系开始，也许从一开始，彼此之间就没有真情分。

我越来越发现，没有哪一种关系是一成不变的，一切都会随着时间的推移而改变。

当我们彼此的生活变了，身边的朋友变了，对生活的理解与态度变了的时候，就是我们将要分开的时候，到那个时候，各自消失在彼此的世界里也就不奇怪了。

时间会告诉我们，谁才是我们最应该珍惜的人。

02

朋友莫盼讲过她的一段经历，她被一个相处了十年的闺密拉黑了。

莫盼说，她和闺密是高中同学，两个人曾好到无话不说，就连收到情书也会一起看，难过、开心都会第一时间想到对方，也曾约定好要做一辈子的好姐妹。

可就在前段时间，莫盼好几次找闺密聊天，闺密都是一副爱搭不理的样子，有时候她发过去一条消息，闺密连回复也不回复，她还担心是不是闺密出了什么事，打电话过去，闺密态度却很冷淡。

有一次，她随手发了一条朋友圈，大概内容是："自己通过努力，终于实现了自由职业的梦想，离理想中的自己又近了一步。"

闺密私信莫盼，恭喜她实现了人生理想，她正打算和闺密长聊，却发现自己被拉黑了。

后来，莫盼得知，闺密最近过得不好，工作上不顺心，年终奖也被克扣了不少。生活过得一地鸡毛，和老公不是吵架，就是冷战。

与其说是对比产生伤害，导致两个人的友谊走到了尽头，不如说是两个人不同频才使友谊出现了裂痕。

即使以前关系再好，也抵不过一个人走得快，一个人走得慢。即使曾约定要一起走，也必然会因为不同频而拉开距离。

距离拉开得越远，走得慢的人可能越会有不配感，甚至更极端一点的，越会感到不屑，或者产生嫉妒心理。

而走得快的人，也很难保证自己不会有轻视对方的心理和态度。当两个人的位置开始不平等时，双方的关系就会出现不对等，关系也只会越来越淡。

所以，任何关系势均力敌很重要，不要对任何关系抱有过多期望也很重要。

03

蒋勋曾说："人与人之间，最基本的东西是真心与本性。"

在任何一段关系中，缺少了真心就会缺少信任，关系就会变得不够纯粹。而一个人的本性，又决定了我们与他人相处的方式。

朋友不在于量，而在于质。平时各忙各的，互不打扰；有事时，电话约见，开门见山，直接而不尴尬，静默而惺惺相惜。

不用费尽心思讨好，也不用担心对方会走，因为我们知道，他一直都在。这种踏实感，或许才是友情的最高境界。

人的一生，其实就是一个不断告别的过程，有人来，就会有人走，能陪我们走到最后的人，寥寥无几。

关系有远有近，朋友有亲有疏，这再正常不过了。

作家刘瑜曾说过一段话："那些与你毫无关系的人就是毫无关系。从第一天开始，其实你就知道。就算笑得甜甜蜜蜜，就算你努力经营这段关系。而那些与你有关的人就是与你有关，逃也逃不掉，就算你们只见过三次，三年才搭理一次，就算是你们隔着十万八千里。有些人注定是你生命里的‘癌症’，而有些人只是一个喷嚏而已。”

那些想要和我们有连接的人，会想尽一切办法和我们取得联系；而那些不想和我们有连接的人，则会主动断了联系，任我们如何努力也没用。

所以，**我们不必为那些提前离开的人感到遗憾。既然他选择离开，就一定有离开的理由，不强求，不挽留，就是最好的告别。**

认真地说一句：“感谢你曾经来过，也不怪你中途离开。”

然后，安心地去过自己的生活。

有些人，光是遇见就很美好了

十几岁时，我就和朋友说过，若我以后走上写文的道路，一定把我们的故事写出来，留作纪念。

可我已经写文写了这么久，却迟迟不敢下笔。

因为有些人，光是遇见就很美好了。我怕自己不够成熟的文字，写不出彼此深厚的情谊。

但今天，我决定写了，因为再不写，我们就老了……

01

我和林子的友谊，始于高中，但不会有终点。

上大学时，我在学校旁边的化妆品店兼职，当时的工资是每月一千，我干了快一年。临近毕业，因为我要忙着写论文，还要找实习单位，便决定把那份兼职辞掉。

在我和老板说辞职时，老板以店内化妆品有丢失为由，不让我辞职，要么照原价赔偿，要么少发两个月的工资。无论我如何解释，老板都一口咬定，那些丢失的化妆品是我拿的。由于店里只有我一个员工，这更是让我百口莫辩。

就在我无计可施的时候，我的高中同学林子来找我玩。接下来的两天里，他陪着我一起去要工资，各种办法都用了，却依然没有要回来。最后还惹急了老板，对我各种威胁。

那时候，涉世尚浅的我根本不经吓，便很快认尿，放弃了那两个月的工资，自认倒霉。

林子看我落魄，一天三顿饭都是他请的。印象最深的是，一次吃早饭，他买了鸡蛋灌饼递给我。当时我也没太在意，吃到一半才发现，里面的鸡蛋比平时多了一倍。

我还感慨说：“老板今天傻了吧？鸡蛋放这么多！”后来，我才知道，那天的鸡蛋是林子特意让老板多加了一个。

我还发现自己的话费多了五十块钱，问了一圈都没人承认。在我的威逼利诱下，林子终于承认了，是他充的。但他一副满不在乎的样子：“我也给别人充了啊！又不是只给你充了！”

林子走了之后，我无意中发现自己的钱包中多了一千块钱。不用猜，就知道是林子放进去的。

我打电话给他，他支支吾吾地说：“你的工资没有要回来，肯定缺钱用，就算先借给你一点啦！”

说实话，那一千块钱，我三年后才还上。

尽管后来，我们都有各自的生活，交集越来越少，但我和林子之间的情谊永远不会变。

02

大学毕业后参加工作的前三年里，是我最穷的时候，可以说是一穷二白，穷到交不起房租，穷到吃不起一日三餐。和朋友出去吃饭，我想要掏钱时，他们都会拦住我，阻止我掏钱，因为他们知道，所有朋友里就只有我最穷。

我大学里学的会计专业，毕业后执意要找会计工作。可很多公司的会计都是内部人员，很少用外来人员，并且一般一个公司的会计人员安排也不多，我找工作并不顺利。最后只能去会计师事务所实习，一个月一百块钱的工资，外加四十块钱的公交补贴。当时，我也没什么积蓄，还要租房吃饭，这点钱根本不够平时的花销。但为了能学到东西，尽快独当一面，我便接受了这个条件。

可很快我就发现，没钱的日子里，连吃饭都是个问题。那个时候，我的自尊心很强，觉得自己毕业了，再和父母要钱很没面子。我就这样独自撑过了半个月，身上的积蓄花完之后，我只能每天啃馒头、喝白开水。

有一次，在公交车上，我眼前一抹黑，差点晕倒在地上。幸亏有好心人扶了一把，我才缓了过来。

那个周末，我去了医院，是朋友彬陪着我。检查的结果是低血糖，医生叮嘱我要好好吃饭，别光吃那些没营养的东西。可那时候的我连房租都交不起，能吃饱就已经算不错了。

从那以后，彬就经常喊我出去吃饭，每次我吃过饭准备结账的时候，彬已经悄悄地把账给结过了。这样来回几次，我也有点不太好意思再和他一起出去吃饭了，他就每次吃饭都多带一点回来，说他吃不完，扔了也可惜，让我帮忙吃了。我心里清楚，哪里是吃不完，分明每次都是完整的一份，他只是怕我不好意思吃，才这样说的。

就这样，我蹭了他很久的饭。最后，他被调去另外一座城市工作，我才结束了蹭饭的生活。

他坐火车那天，我去车站送了他，看着眼前那个善良的人，有时候会觉得自己欠他实在太多了，可能这辈子也还不清。

这份情谊，我也只能藏于心中，慢慢去还。

03

后来，因为各种原因，我辞掉了会计师事务所的工作，也换了住处。有一段时间，我一直在朋友雅静租的房子里蹭住。

雅静算是我们这几个朋友里，最先有稳定工作的人。当时，我们是毕业即失业，而雅静是没毕业，工作就已经稳定了。她的工作一直干到现在，中间也没有换过其他工作，收入方面也比我们这些人稳定很多。

那时候，我处于迷茫阶段，一来我想转行，二来我又怕转行之后，前面的路更难走。纠结了几个月的时间，我还是决定转行。

从雅静那里搬出来之后，我就回了老家。很庆幸，我转行成功，考进了老家这边一所学校，成了一名正式老师，工作也算是暂时稳定了。

我的很多狼狈，她都见过；我的很多不顺，她都知道。她像大姐姐一样，安慰我、开导我，充当我的情绪垃圾桶。没地方住的时候，她二话不说就让我搬去她那里。没钱吃饭了，她会下厨做饭我们一起吃。她和朋友出去聚个餐什么的，也会喊上我，介绍我给她的朋友认识。后来，我妹妹去那个城市工作时，也是在雅静家里落脚，一直住到自己有能力租房子，才搬了出来。

雅静是我的高中同学，准确说是初中校友。雅静属于那种人缘很好的人，男女生都很喜欢她，我也只是她众多朋友中的一个。

或许正是因为她为人善良，待人真诚，才会有如此的好人缘。

有时候，我会想，能和雅静成为朋友，其实也算是一种荣幸吧！

04

二十岁出头，我第一次失恋，感觉整个世界都塌了。

现在回忆起来，未免觉得矫情。但那个时候，是真的山崩地裂般地痛，痛得我喘不过气来，干什么都提不起精神。我消沉了有三年之久，也不是说三年里都是伤心欲绝的样子，是那种抽丝剥茧般的难熬。在那段最难熬的日子里，是闺密阿琼陪我度过的。

刚失恋时，她来到我所在的城市，陪我逛街、拍照、吃很多的美食。那时候，她知道我穷，很少让我付账。她懂得照顾我的情绪，很少在我面前和男友热聊，都是随便说两句就挂了电话。我情绪不好的时候，她会安静地陪着我，忍受我的各种发泄。虽然我知道，失恋的伤痛，需要靠自己走出来。但阿琼的陪伴，也让我有了短暂的快乐。

送阿琼离开的时候，我在QQ空间里写下了一段话："这辈子我可以没有男朋友，但不能没有阿琼。"和阿琼之间，虽然没有什么轰轰烈烈的大事情发生，都是一些琐碎的事情，但却格外温暖我的心。

她结婚时，我做她的伴娘，见证了她一生中最重要的时刻。那些年我居无定所，没地方住了，去她家蹭地方住；我哪一段时间没钱了，就去她家蹭饭吃。有事一个电话，谁也不和谁客气，很有一种江湖气。

说到这里，我发现自己从小到大，就没有怎么安定下来过，一直在蹭住蹭吃中度过，不过好在还有这些朋友愿意收留我。

我和阿琼，从初中就认识，到现在已经十多年了。其间也有过矛盾，但从来没有因为某一次矛盾，就彼此相忘于江湖。

我想，这就是最好的友谊，有吵有闹，却永远不会分开。

05

前段时间，阿闪突然给我发微信：“教师节了，好像还没送过你礼物……”我想了想说：“送过啊！大红枣、纯奶……”

她说：“不是这种啊！是很有仪式感的礼物。”

我说：“咱俩的关系，早就不需要很有仪式感的礼物来维系了，不用送。”

虽然到现在，她依然没有给我送过有仪式感的礼物，但我的心里，一点也不觉得难过，或者不舒服。好的友谊本就不需要用礼物来衡量，而是以心换心，我知道你把我放在心上，这就行了。

我和阿闪是初三同学，那时候和她并没有多少交集，只是很崇拜她，化学几乎每次都能考满分，最差也是接近满分。到了高中，我们才真正成为好朋友。她不善言辞，我也比较内向，但在她面前，我说的还算比较多。记得那时候，我学习成绩不好，压力很大，经常是学不进去，也玩不畅快。阿闪学习成绩很好，我心里堵得慌的时候，就拉上她绕操场转圈，或者出校门买东西，她也从来没有怪过我，耽误她学习。

高二时，我们宿舍一个女生故意找事，我气不过，和那个女生打了一架。瘦小的我当然是吃亏了，对方把我的脸都快抓花了。事后，阿闪陪我散心，慢慢带我走出了气愤的情绪。

虽然，这几年我们各自忙工作，很少见面。但不知道从什么时候起，我和阿闪之间达成了一种默契：一年必须见一面，要么十一期间，要么过年期间。这个十一，我们见了一面，尽管很匆忙，但各自的心意，彼此都懂。

06

曾看过一段对话："为什么要对我这么好？""因为你很好啊！"

人与人之间永远是互相的，我们用真心待人，才会换来对方的真心。任何一段能够长久的友谊，无不是有着彼此的真心在，才能抵得过岁月的侵袭、时光的流逝。现实或许无情，但人总会有情。

这世间，总有一些人，在我们的世界里出现。然后，温柔了岁月，惊艳了时光，让我们感慨道："还好有你们哦！"

这，便是朋友。

每次看电视剧《请回答 1988》时，看到德善他们几个人的友情，就会想起自己生命中的这几个好朋友，希望时光带不走我们彼此相依为命过的点滴瞬间，也冲不散我们几个美好而简单的真交情。

我特别喜欢海桑的一首小诗《想起一个遥远的朋友》：

> "不可能老是想着你，你不是我火烧眉毛的生活。
> 但当闲暇时候，就会偶尔把你想起，想起你我站在灵魂的深处，
> 就这样互相望着，那么简单，那么美好。
> 如果我不是小心忍着，就要一个人笑出声来。"

送给我，也送给我最珍惜的你们。

不管你承不承认，有些人再见面的可能性为零

01

那一天，是一个看似很平常的一天。

他来到我的住处，帮我收拾行李，因为我第二天就要离开这个地方，回到老家，主要是看病，其次是分手。是的，在我刚刚被医院诊断出得了一种很难治愈的慢性病时，我，被分手了。看着诊断书，再看看眼前这个和我提出分手的人，我想哭，却哭不出来。

只觉得心里堵得慌，我没有要什么解释，也没有哭闹去挽回，只是表面假装很平静，甚至还面带微笑，收拾着自己的行李，准备着离开那一座没有归属感的城市，和那个即将要说再见的人。

我把攒下的饮料瓶用塑料袋装好，让他拿去卖了，其他带不走的东西，都整理好放在屋子的外边，任由房东随意处理。最后，那间屋子和我第一次推开门时看到的样子是一样的，空荡荡的，说句话还会有回声，让人不免有些伤感。

他帮我提着行李，坐上了公交车。我们好像事先讲好了似的，默契地没有坐在一起，而是坐在了彼此的对面。我的旁边是一位老奶奶，而他的旁边是一位老爷爷。老奶奶和老爷爷在轻声闲聊着家常，而我

们两个人互相看着对方，一路沉默，谁也没有开口多说一句话，也似乎没有什么可说的。

到站的时候，他先下了车，用云淡风轻的语气和我说："那我就先下车了，你自己一个人照顾好自己。"我强忍着心中的难过，笑着和他说了一声："会的。"那一次见面，成了我们人生中的最后一面。过了很久很久，我们各自结婚成家，彼此再也没有联系过，也再也没有遇见过。

世间的很多事，很多人，可能都会是这样子，不知道在哪个瞬间，就再也不会打照面了，所有的记忆，都沉入岁月的长河里，连个回声也不会有。

02

上班这么久以来，我很少被感动，直到一件事的发生，让我觉得人间还是值得的。

有一天，上午第二节下课的时候，一个曾经在我们学校实习的老师和她的准老公一起来到我们学校，想要拍一段和学生在一起互动的视频，用在他们两个人的婚礼现场。

起初，我不太理解，这有什么好记录的。作为一名工作多年的"老"教师，早已看惯了送走一届学生就会被一届学生遗忘的现实。对于离别这件事，无论是暂时的，还是永远的，我都看得很开。

我向来不爱看热闹，想继续做自己的工作时，同事拉着我问我："你知道她为什么这么兴师动众地来学校吗？"我当然不知道，也不太感兴趣知道，可是当同事说："这位女教师只在我们学校教过两个月。两个月后，就因为种种原因，离开了教育行业。当她意识到，自己这辈子再从事教育行业的概率微乎其微的时候，才发现那两个月成了她始终无法忘怀的时光。当她意识到，在那两个月里，与她朝夕相处的几十个学生，这辈子再见面的机会很可能为零时，她决定‘任性’一次，买好同学录和礼物，和我们校长打过招呼，与自己曾经教过的一届学生，来一次最后的互动。”

我忽然被触动了，人这一辈子会和很多人说再见，但并不是每一个人都能拥有这么充满仪式感的告别。我们大多数人，都是悄悄地淡出彼此的世界，就像从来没有过交集一样，开启新的、没有彼此的生活。幸运的话，那些告别了的人，会在某一天的某一刻再次相逢，但大多数人都会成为我们人生的过客，消失在我们的世界里。

所以，能真诚地和对方告别时，就不要让自己留有遗憾，而是要用力地向对方挥挥手，江湖再见。

03

说起“江湖再见”，我想，这大概是最让人充满期待，又最让人伤感的词了吧！因为江湖再见，也就意味着，要在来来往往的千万个人里再一次相遇。可这样的概率太低了，大多数人都默契地和那个人，或者那一些人在心里做了永远的告别。

就像高中毕业时，我以为那些日日夜夜相伴，奋战高考的同学们，会是一辈子的朋友。可进入大学后，所处的圈子不同了，大家的联系也越来越少，直到最后那个电话号码再也没有拨打过。

大学毕业时，同宿舍的几个人各奔东西也丝毫阻挡不了我们为青春许下的诺言：谁也不能忘了谁。可等到真正工作的时候才发现，不管你承不承认，有的人可能这辈子都不会再见了。

记得高中时，我有一个关系特别好的朋友。那个时候，我们什么都可以分享，去个卫生间也要手拉手一起去，吃饭在一起，睡觉在一起，上课在一起。下了课一人一个耳机，趴在课桌上听 MP3 里的歌，一遍又一遍，好像一直听不厌。心情不好时，会一起手牵手在操场上，沿着跑道一圈一圈地转悠，诉说自己的心事，吐槽某个老师的课无聊，说很多的心里话……

那个时候根本不知道多年以后，我们之间的记忆也会渐渐模糊，我们也会像很多从我们身边路过的陌生人一样，连打个招呼都会感到尴尬。即使在朋友圈里面看到彼此的生活分享，会有想上去打声招呼的冲动，但当对话框打开时，又犹豫着点了关闭键，总感觉我们中间隔着什么，说不清也道不明。

哪怕真的有一次鼓起勇气，发一个消息过去，也会是迟迟收不到回复。这就更让人感到沮丧，明明曾经那么熟悉的两个人，竟然会成为如今连点赞之交都不算的路人。

有一次，我点开大学一个室友的朋友圈，原本想要看看她这些年过得怎么样，却被那一条冰冷的横线阻挡在她的世界之外。我盯着那一条横线，发呆了几秒钟，心里面突然空荡荡的，似乎是自己之前特别珍贵的东西，突然消失不见了，没有打一声招呼，让我来不及做好任何心理准备。想要发个消息过去，却在那一刻突然觉得，什么都没有必要了。

我之前特别喜欢一个代表着随性淡然的词，往事随风。现在却觉得，那些往事里面的人也会在风中走散，消失在岁月当中，这是多么伤感的一个词。

04

漫画家宫崎骏说：“人生就是一列开往坟墓的列车，路途上会有很多站，很难有人可以自始至终陪着走完，当陪你的人要下车时，即使不舍，也该心存感激，然后挥手道别。”

每次读到这段话时，心里总是泛起一种难以名状的难过，那些以为会一起相伴走下去的人，突然某一天就消失在了人群；那些以为今后还能再见的人，在某一次道别后就再也没有见面的机会……曾经相依偎的恋人、曾经相依赖的朋友、曾经相扶持的伙伴……都因为各种原因，无法参与我们人生的下半场。

我们或许都希望，和自己相遇的人能够一起走到老，即使不能时刻陪在彼此身边，但至少心灵上的连接还是要有的吧！

可生活大多数时候是无奈的，它可能不会和你打一声招呼，就让我们身边的人越走越少，我们也会越来越孤单。

不管我们承不承认，我们人生当中的很多人，再见面的可能性早已为零。不必遗憾，也不必伤心，要学会接受这个充满离别的世界和人生。

我彻底戒掉了，在朋友圈里博同情

01

前几天，小叶给我发微信，说她再也不会发关于心情的朋友圈了，我问她为什么？

她很沮丧地告诉我：有一次，她半夜发烧，一个人跑到四五十公里外的医院看病，挂点滴到天亮，心里很委屈，就随手发了一个朋友圈，配图是正在输液的手。

第二天早上，小叶带着一脸倦容回到单位时发现，她的爸妈提着一堆药和大包小包的食物，站在她的单位门口向里面张望。

她看到父母焦灼的神情，突然意识到，是自己昨晚发的朋友圈暴露了自己的现状，父母才会连夜赶到她的单位。

小叶的单位在外地，距离她老家有一百多公里远，她的父母一定是坐最早的一班车，一路担心牵挂着过来的。

小叶说，以前她发朋友圈总是随心所欲，开心的、不开心的，都在朋友圈里更新。这次生病也是她随手一发，并没有想太多，只是分享一下自己的现状，抒发一下当时的心情。

但她怎么也想不到，父母会因为她的一条朋友圈，千里迢迢地赶最早一班车来单位看她，她心里突然感到特别难过。

她想起自己发的那些朋友圈，有很多人留言表示关心，也有很多人点赞，但唯有父母既不评论，也不点赞，而是直接站在她的面前，递上一堆药，带给她最质朴的关心和爱。

那一刻，看着头发花白的父母，她彻底泪奔了。

从那以后，她再也不愿意在朋友圈里展示自己不愉快的一面，偶尔发心情，也是开心愉快的那些事。

仔细想想，当你把朋友圈当成自己情绪的发泄口，确实会博得很多人的关心与同情。但更多的时候，却是在父母的心上狠狠地扎上一针。

相信，这一定不是我们发朋友圈的初衷吧？

02

有一天我在刷微博时，看到这样一个视频：父母为了让女儿知道，他们在时刻关注着她，就在女儿朋友圈的每一条心情下面都点赞，并且留言说照顾好自己的身体！

可这个女孩很不耐烦地直接把父母屏蔽了，切断了父母与她的沟通渠道，父母每天看到的，只剩下女儿朋友圈里那一条没有任何温度的横线。

后来，她看到父母为了了解她的近况，只能通过其他人的微信，进入到她的朋友圈时，她内心彻底崩溃，决定解除对父母的屏蔽。只是，她再也没有发过任何不开心的事，因为她害怕父母为她担心。

这世间，唯一不求回报的是父母对子女的爱，他们无时无刻不在牵挂着不在身边的子女。当我们长大成人，很多时候，父母只能生活在我们的世界以外，默默地看着我们离他们越来越远。

我们作为子女，往往不喜欢被父母的爱所束缚，向往着遥远而充满吸引力的生活，甚至不惜隔绝与父母有关的一切。

这，其实对父母来说，是最残忍的一件事了。

03

以前我也是一个喜欢在朋友圈发心情的人，无论开心或不开心，都要展示在朋友圈里。

有一段时间，我的身体和工作都出现了问题，烦心事一大堆，找不到倾诉对象，就把朋友圈当作出口，一天发五六条状态都算正常量，多的话一天发十多条。

父母其实就在我的朋友圈里，但他们从来没有给我点过赞，也没有评论过。我以为父母不会天天没事儿刷朋友圈，看我的心情，就更加肆无忌惮，刷屏似的更新心情，诉说自己的不开心。

有朋友说，一看我的朋友圈，就知道我最近过得不顺心，但如果我再这样肆无忌惮地矫情下去就屏蔽我，因为她实在不想看我天天无病呻吟。我不以为然，依旧每日伤春悲秋，发一些悲伤到极点的文字，倾诉自己的遭遇。

没过多久，常年不在微信上和我互动的母亲给我打电话，焦急地问我最近怎么了？是身体不舒服，还是工作不顺心？

这时我才知道，原来我的每一条动态，父母都有关注，只是他们一直保持沉默，怕打扰我的工作罢了。

也是从那以后，我开始控制自己发动态的频率，也不再发那些不开心的事情。我心里清楚，每一个真正成熟的子女，都不该过分让父母担心。

作家龙应台在《目送》中说道：“所谓父女母子一场，只不过意味着，你和他的缘分就是今生今世不断地在目送他的背影渐行渐远。”

我们和父母之间的渐行渐远，有时候可能会隔着山川湖海的距离。年纪越大，我越会觉得，自己能够陪伴父母的时间越来越少。

从最初的以“年”计算，到后来的以“天”计算。我们忙于事业、忙于交友、忙于组建自己的小家庭，唯独没有忙于和父母好好团聚。

父母想要看到的，是我们心情愉快，生活顺心，这样他们就能安安心心地站在角落里，做个默默无言的旁观者，看着我们笑，他们就很满足了……

只是父母永远不会说，他们的内心又多么渴望我们常回家看看，常和他们聊聊天。

04

我想起，每周五，母亲必给我打电话，问我周末回不回家。

我常常因为感到折腾而不愿意回家，只想待在一个人的宿舍里，自由自在地睡觉、煲剧、刷电影，时常忽略母亲每周准时打电话的真实含义：她不过是想我了，想让我回家吃点好吃的，陪陪她。

每当我说不回的时候，母亲总是淡淡地说一句：“没事儿，那你好好在宿舍休息，去吃点有营养的饭菜……”挂了电话后的母亲，一定是倍感孤独的。

对于父母来说，子女可能就是他们生活的全部动力，为了子女可以卑微到尘埃里，只为了能够看到子女一生平安喜乐。

从那以后，我就彻底戒掉了，在朋友圈里博同情。

因为我知道，那博得的不是同情，而是父母一颗担忧的心。

年龄越大，越觉得与母亲疏远

01

前几天回家过周末，我要去厨房做饭，母亲拦住我，非要自己来，让我坐下歇歇，还说我平时工作那么忙，饭也吃不好，觉也睡不好，好不容易回来一次，等着吃就行。

吃过饭后，我站起来收拾碗筷，又被母亲拦住不让我动，让我妹妹来刷碗。我妹妹极不情愿地端起桌子上的几个碗，嘴里还念叨着，天天只会让我干活……

那一刻，我突然觉得自己像一个客人一样被照顾着，那种客气似乎让我和母亲之间的距离越来越远。

说实话，我心里是很失落的，那种小时候被母亲“呼来喝去”的感觉消失不见了，换来的是这种表面上的客气，实际上的疏离。

我心里是非常不情愿地、被动地接受这种被照顾的感觉，觉得母亲再也不会像使唤妹妹那样使唤我了。然而，我渴望被母亲使唤，在我心里，能够被使唤，才能拉近母女之间的关系，否则就会显得两个人之间过于生疏。

尽管从小到大，一直都是我比较听话，妹妹向来事儿多，但母亲却显得与妹妹更亲近，更像母女。

就像妹妹和母亲打电话，两个人能说上一个小时，甚至更长的时间。而和我最多说上三分钟，然后就真的不知道再说什么了。妹妹回到家，会和母亲钻进一个被窝睡觉，而我最多和母亲睡在一张床上。因此，我总觉得自己和母亲之间有距离。

平时，我给母亲买个礼物，她就会视若珍宝，夸我买得真好。而我妹妹给母亲买礼物时，母亲却会说出真实的感受，哪里不好，哪里不对，都会很自然地吐槽。

妹妹有时会不太乐意母亲那样的评价，但我却羡慕母亲会那样评价，因为每次都夸赞反倒显得我们两个人很生分。

02

我心里其实明白，是因为前几年，我生的那场病让母亲觉得对我有亏欠。事后回忆起来，那个病可能在我十一二岁时就有了苗头，只是那时候父母都没有注意到，等到我二十多岁发现时，问题已经相当严重了。母亲觉得是她的疏忽，才会造成这样的后果。

我只记得那时，我刚二十岁出头，在大家都在享受青春的美好时，我却因为一场“突如其来”的病卧床休息了很久。

那时候，母亲还在外地工作，因为事发突然，母亲一时半会儿回不来，只有我一个人在医院的病床上躺着等待治疗。我周围都是六七十岁的老奶奶，她们用同情的眼神看着我，隔壁床上的阿姨还安慰哭泣的我。

毕竟还是太年轻，经不住事儿。我彻夜彻夜地睡不着，坐在病床上忍住哭声，流着泪，看着窗外的夜空，感慨为什么是我？为什么让我生这样的病？

可是没有为什么，我就是这样生病了。这种病很难查出病因，连医生也说不出准确的病因，只能选择保守治疗。

母亲回来过一次，那时我已经出院治疗。母亲很自责，说她回来晚了，没能陪着我一起面对那一项项的检查，那一次次的抽血化验。

那是我第一次看到母亲落泪，我也有怨过，生病时母亲为什么不在身边。

后来，母亲把工作辞了，在家专职照顾我。很多人质疑我，大学毕业了，怎么老是在家闲着，连个正经工作也没有。因此，那一段时间，我的压力特别大，怕母亲也觉得我大学白上了，但母亲从来不催我，而是让我安心养身体。

后来，我也曾因为血压过低晕倒过几次，脾气也变得越来越坏，动不动就生气发火不吃饭。母亲估计是吓坏了，也跟着愁眉苦脸起来，做饭尽量依我的口味，什么事也是顺着我的意思来，再也没有要求过我什么。

应该就是从那时候起，我与母亲之间的距离变得越来越远。只要我和妹妹都在家，就能很明显地感觉到，母亲对我是时时刻刻保持警惕，悉心照顾着，对妹妹就很随意，想说什么说什么。

03

这几天，我的身体又出现了各种各样的问题，加上连续加班，身体亮起了红灯，脸色也变得越来越苍白。每次回到家，母亲又开始像从前那样照顾我，即使母亲也辛苦了一整天，我却从来没听到母亲说过一句“太累”。

那天下午，我因为太累，换下的衣服扔在洗衣机上就直接进屋躺下了。第二天早上醒来，我发现衣服已经洗好，搭在院子里的晾衣绳上。

母亲从来没有说过一句“我爱你”，却时时刻刻以我为重，宁愿自己累着，也不希望我累着。后来，我再换下来的衣服就会马上洗干净，要不然母亲看到，肯定又会替我洗了。

当然，我妹妹就没有这种“待遇”。每次只要我妹妹回家，洗衣服就很自然地成了她的事，扫地、拖地、做家务，都是妹妹的任务。

母亲对我妹妹一点也不客气，就像我不是亲生的，需要时刻对我好，才能“笼络”到我的心似的。

我隐约明白，母亲对我的愧疚一直没有消散。

04

记得有一次，我和朋友聊起这件事。

我说:“我总觉得母亲对我就像对待外人一样，十分客气。”

她也十分不解，她与她的母亲相处的方式更像是朋友，干活的时候会互相推托，而这种“推托”却更像是朋友之间的互相撒娇。

比如，打扫卫生时，她母亲会指使她干，而她会找各种借口不干，两个人争论不休，最后都是朋友输给了她的母亲，然后她叫苦连天地去干活。

她会像朋友一样和她的母亲交流、谈心，互相倾诉彼此近段时间的烦心事。听着朋友讲与她母亲之间的趣事，我的内心其实是很羡慕的，我越来越向往这样的相处方式。

我也希望母亲可以向我推托家务活，也能在我的面前示弱，而不是永远都是我的保护伞。我也希望有一天能够撑起母亲头顶的一片天，让母亲能够在我面前偷偷懒、撒撒娇……

可这些，应该这辈子是实现不了了。

也许真的是年纪越大越觉得与母亲疏远。可我，一点也不喜欢这种距离感。

最大的安全感，来源于自己的内心

01

有一天晚上，我和一朋友聊天，聊到关于安全感的话题。

这几年来，我总感觉自己越来越没有安全感，对周遭的一切都感到恐惧、不信任。也许是换了一个新环境，四下望去，举目无亲。也许是自己的心理作祟，常常感到孤独。

朋友也是来自外地的，在这里也没有什么亲戚朋友，但她却比我活得通透。昨晚挂了电话，我就在思考：安全感或许不是来自外界，而是来自自己的内心。

几年前，我因工作的变动来到一个陌生的地方。说实话，我对这个地方的第一印象并不好，这里与我生活了二十多年的家乡有太多不一样的地方。

第一个不一样的地方就是吃饭。就拿我的体重来说明这个问题吧！我在家乡的时候，体重稳定，根本不用担心突然变瘦或变胖的问题。来到这里不到一个月，我的体重就下降了快十斤，我都能感到自己的身体变得轻飘飘的。当然，这不是让人开心的“苗条”，而是连灵魂都在变轻的感觉。饭菜怎么吃怎么不合口味，工作强度一再增加，我的身体很快就出现了问题。

最喜欢睡觉的我，也开始失眠，彻夜彻夜地失眠，经常胡思乱想。有几次，我甚至在凌晨时分，穿好衣服，想要徒步走回家乡。

我甚至怀疑，当初自己的选择是一个最大的错误。那个时候，有两个机会同时摆在我的面前，我在一念之间选择了如今工作的地方，也真正开始了一场和自己内心旷日持久的对抗战，身体和情绪都出现了问题，是那种拿自己一辈子在赌，却看不到前途的绝望。

02

平时，我极少对朋友说起自己的状况，可能是那段时间，我经常出现在医院里，抽血化验，吃药复查，几乎成了家常便饭，内心憋闷便和朋友聊了不少。我一直很害怕别人把我当成病人来看，我害怕有人会说，你看，年纪轻轻就一身病，往后可怎么办？

我的确属于那种弱不禁风的类型，但当别人说我像个林黛玉似的时候，我还是会感到很受伤，我不太希望自己以一个柔弱的姿态示人，我骨子里是一个特别要强的人。

我清楚地知道，与这个环境格格不入的，一直都是我自己的内心。一旦我的内心深处对一个地方建立起一种屏障，那这个地方就真的很难走进我的内心。

我就像是在人生路上迷失了方向，找不回当初的那个路口，也找不到当初那个满心欢喜的自己。

和朋友聊天时，她的一个观点给我留下了特别深刻的印象：对一个地方或一些事情的抗拒，都是源于自己内心糟糕的心理暗示。

有一段时间，我的情绪不好到了极点。别看白天时候的我，若无其事，喜笑颜开的，实际上，很难有人走进我的内心。我的内心在那个时候是彻底封闭的，糟糕的心理暗示一直都在侵蚀着我。

我加了几个闲聊群，但只在群里潜水，很少开口说话。我清楚，只要我开口了，那些坏情绪就会受到强化，反过来再次伤害我。若我只是旁观者的话，就可以暗示自己也许一切还没到太严重的地步。

我大概做了三个星期的旁观者，就果断地退出了那几个闲聊群，群里的聊天让我感到更加压抑郁闷，每个人都在吐槽自己的生活有多不顺、人生有多不幸。从早到晚，每次打开微信都是几百条这样的未读信息。

现在再去看，真正的痛苦是说不出口的，无声的痛苦才是最大的痛苦。

朋友劝我多想一些开心的事，凡事多往好的方面想，就像我之前写过的一篇文章里说的，只要心中有希望，生活就不会绝望。

03

其实，这几年来，我学到最多的是与自己交流，正视自己的内心，和周围的环境和解，也和曾经的自己和解。

心理学上有个名词：认同感，是指人对自我及周围环境有用或有价值的判断和评估。人只有有了认同感，才可能会有归属感，认同感和归属感有一点相辅相成的意味。

因为我对那个地方始终没有建立起认同感，直接导致我对那个地方的归属感缺失，从而使我无法融入那个地方，也无法融入那个集体。

一旦出现了自我和环境的割裂，人要么对自我产生怀疑，要么抗拒环境。我属于后者——抗拒环境，越抗拒环境我的内心越没有安全感，越觉得自己在这个地方，就是一个孤独的存在。

久而久之，我的心理和身体都出现了各种各样的问题。

武志红曾在《拥有一个你说了算的人生》里讲过："世界的本质，是关系。"每个人都不可能活成一座孤岛，我们总要去和这个世界、和周围的环境产生连接，和生活中的人产生联系。表面上，是环境以及人群让我们产生的不安全感，实际上，是自己的内心对外有太多戒备，才让我们感觉不到安全感。

只有真正走出自己内心的牢笼，去试着认同自己，认同影响自己的环境，才能使自己的生活更加广阔。

走出去，看看多姿多彩的世界，认识有趣的人，做一些有趣的事，让自己的生活真正地"活"起来，才无悔于今生与今世。

第五部分

不必羡慕任何人，你要活成自己的光

心态，是生活最重要的调味剂，只有保持好心态，才能把生活调成自己想要的味道。

所有的努力，在人生路上某个拐角处都会给你一个交代，只是时间长短的问题。

我们最该羡慕的人，是那个努力的自己。我们要努力活成自己的光，照亮自己这一生的路。

卓越的人，就是在艰难的遭遇里百折不挠

01

我在检查作业时，发现很多学生不仅拔高题没有做，而且就连基础题也没有做完。我看着空出来的题，有些发愣。

那些题并不算难，只是出题人稍微换了思路，改变了一下出题的策略，只需要稍微开动脑筋，以学生目前的基础，做出来应该不难。但学生还是偷懒，不愿意思考，看到需要动脑筋的题就直接空下来，等着老师去讲。

经过观察，我发现了一个问题，学生在碰到不会做的题时，经常会问："老师，不会做的题能不能空起来？"

每当我听到这样的问题，心里总是莫名地感到很无奈，为什么遇到问题不是想办法解决，而是找借口放弃？

此时，我总是会说："不会的话，先独立思考一下，如果实在不会了，可以请教同桌，也可以来问老师，总会有解决的办法的。"

学生每次都说好，但主动问问题的学生并不多，很多学生都是看一眼不思考，就认定题目太难，自己不会，直接跳过了。

所以，也不难想象，布置的家庭作业里为什么会出现那么多空题。

在家里，玩耍的诱惑比在学校里多，学生在潜意识里也认为只有快速完成作业，才能有更多的时间去玩。即使第二天老师检查，也能以题目太难，自己不会做为借口开脱。

上学期间，我也曾有过这样的心理，看到稍微难一点的题，内心的想法就是，“算了，反正也做不对”“我的智商不高，这些难的题都是留给聪明的人做的”“最后老师总是会讲的，不做也无所谓”……

时间长了，我就懒得去思考，懒得去钻研，成绩也下降了很多。

刚上班做会计时，我的心理上也有点偷懒，遇到那些稍微难一点的账目，就想“反正有会计主管罩着，我这小角色还是讨个清闲吧”。只是，我躲过了很多看似很难的账目和工作，却也错过了很多锻炼自己的机会，我在会计上的业务能力一直不太强。

很多时候，并不是题目或者工作太难，而是我自己不想去思考，不想下功夫，才使得它们看起来太难，真正难的往往是我懒惰的心。

遇到难题难事，有时候并不是一件坏事，它能够促使我们想办法，理思路，磨炼人的心性。当一个人不再一遇到困难就退缩时，他才算是真正地成长了。

02

闺密阿琼开了一家花店，规模越来越大，平日里的业务也越来越多，单靠自己一个人已经忙不过来。

前段时间，她招了两名学徒清然和艺洁，平时跟着阿琼学习一些插花艺术，有什么业内学习机会，阿琼也毫不吝啬，让她们两个人公费出去学习，一心想着好好培养两位年轻人。

假期里，我去阿琼的花店玩，发现只有艺洁一个人在店里忙。询问过后才知道，清然已经辞职不干了。

原来，是因为清然感觉学插花太难，除了要学习关于插花的理论知识，一遍一遍地练习，不断深入实践，还要走进自然，了解花样品种，有时候更要忍受毒辣辣的太阳和湿漉漉的泥泞地。

插花时也有要求，需要有一定的绘画功底，花型、样式都需要先动手临摹出来，花枝的角度、位置、构图，也需要具备一定的鉴赏能力。

插花的技巧，只要用心去学，多练习、多观察，创作出好作品并不难，关键在于自己是否用功了，用心了。

而艺洁一直未曾放弃，哪怕熬夜去学习插花的理论知识，实践练习，也从未说过一个“难”字。

如今艺洁已经成为阿琼另外一家分店的店长，带领多个学徒学习插花艺术。

曾看过这样一句话：“卓越的人都有相同的优点，就是在不利与艰难的遭遇里百折不挠。”

太难，从来不应成为一个人退缩的借口，而应成为一个人奋力向前的勇气。

03

刚上班的第一年，我们办公室有一个资历比较深的王老师。

刚好那一年，教育政策改革，需要每一位老师都得会用课件讲课，课件需要自己在电脑上利用 PPT 做，平时备课也需要在电脑上备课。

由于王老师年纪比较大，之前也没有接触过电脑，连开关机都是现学现卖，更别说 PPT 之类的高难度操作，着实是有点难为王老师。

但王老师并没有因为做 PPT 太难，就把工作甩给其他人，而是每次做课件时，都会喊上我帮忙一起做，我也很乐意帮忙。

见了太多四十岁不到就说自己老了，不愿精进的人。王老师这种知难而上的勇气，着实让我打心底里佩服。

过了没多久，王老师就学会了独立制作简单的 PPT。我去听过他的课，看到他在讲台上运用自如，就知道他在私底下没少下功夫。

一个面对困难，能够做到不找借口、不心生抱怨的人，总是会找到让自己进步的理由，学习新知识，掌握新技能。

困难在他们面前，并不是跨不过去的鸿沟，而是渡他们的一条河，河的对面是很多人想要，却选择退缩的诱人风景。

一个人，一旦养成面对困难就退缩的习惯，就很难突破困难，哪怕是小小的困难，也会难倒习惯性退缩的他。

任何以“难”为借口，而选择的放弃，都是一种逃避。这种逃避，其实就是心理学上的“畏难情绪”。

每当我们面对超出自己认知范围或能力的事情时，就会害怕自己做不好，害怕接受失败，畏首畏尾，难以抉择。

这种害怕，有时候会让人像一个粽子一样，把自己紧紧地包裹在里面，不敢伸出手去触碰外界的一切困难，只愿在自己的安全区里，裹足不前。

04

那么，如何才能跳出自己的“畏难”情绪，做一个敢于向“难”进行挑战的人呢？我们不妨试试这三种方法：

一、学会利用“登门槛效应”

心理学上对“登门槛效应”的定义是这样的：一个人一旦接受了他人的一个微不足道的要求，为了避免认知上的不协调，或者是想给他人前后一致的印象，就有可能接受更高的要求。

这个从接受微小要求到更高要求的过程，就像“登门槛”，一个台阶一个台阶往上登，直到最后达到自己的目标。

这个效应放在对自身的要求上来说，道理也是相通的。当我们面对难度高于自己心理预期的事情时，大多数人都会本能地往后退。

但如果我们从易到难，一点一点去攻克困难，一步一步逐渐地达到自己的预期效果，就会容易很多。

学会利用“登门槛效应”，我们才不会轻易被难倒。

二、走出自己的舒适区

舒适区，通俗地讲，就是那个让我们感觉身心都很舒服，我们渴望一直这样下去，不要有什么改变的状态。

人在自己的舒适区里会感到安全稳定，可这些表面上的稳定，不过是在麻醉自己。

这也有点像心理学上的“花盆效应”，花盆就像一个舒适区，你在舒适的“花盆”中生根发芽，有水滋养，有光照耀，似乎不用经历太多风吹雨打就能开花结果。可如果我们在“花盆”里待得太久，就很容易丧失斗志，像温水煮青蛙一样活得不温不火。

跳出自己的舒适区，我们才能破局重生。

三、多一些积极心理暗示

大多数人在面对困难时，第一反应可能都是先给自己贴上不行的标签，“啊！我不行”“还是算了吧！”“那太难了，我做不到”……

其实，有了这些消极的心理暗示，即使我们能做得很好，也会被自己的心理吓得不敢去做。

所以，无论什么时候，给自己多一点积极的心理暗示。就像这句话说的：“你相信什么，才会得到什么。”

我们若一直觉得自己做不到，就可能永远也做不到；我们若相信靠自己的努力，可以做得到，结果说不定真的如自己所愿。

人生在世，不如意事十有八九，生活不会如我们想象的那样，四平八稳。任何人都会遇到自己感觉很难、想要放弃的事情。

但是，我们要相信：世上无难事，只怕有心人。

用心，才是我们对抗困难的不二法宝。

人生就是步履不停，还好我没有退缩

01

说起来，我的人生还是挺奇妙的。

上初中时，我第一次离开家，离开父母，到很远的地方上学。

那时候的我，第一次面对分离焦虑，非常不适应。住校的五天让我觉得度日如年，从周一开始，我就期盼着过周末；到了周末，我又渴望着时间慢一点，最好永远不要上学。

那个时候的我，内心是极度孤独的。在新学校里，我没有朋友，没有亲人，成绩也断崖式下滑。渐渐地，对于上学这件事，我开始有些排斥。

每天我都有退学的冲动，为了能多见几次父母，我经常故意把自己弄生病。有时候甚至都不用故意，我的身体竟神奇般地很配合我的心情，拉肚子、头疼、感冒、发烧轮流上演，这个病好了，那个病就跟上。整个初一，我就是在吃药中度过的，我也不过是想让父母多来学校看看我。

越是渴望让父母陪在身边，我越是不想上学，很多次我都想直接退学，搬东西打个车回家。

可人生总是充满神奇，哪怕我有无数次想要一走了之，总有另一个声音，把我又拉回教室，继续上课学习。我的人生，并没有因为这些想法，就停止脚步，哪怕我再纠结，也在想要放弃的那一刻，又笃定地向前走。

升了高中，学习压力明显增加，我的成绩一落千丈。渐渐地，我又有了退学的想法。

一次下课，我找到班主任，战战兢兢地说出了我的想法。本以为班主任会训我，没想到班主任很温和地开导我，还说如果我心情不太好的话，可以准我的假，去街上逛一下散散心，回家休息一下也可以。

我选择了回家休息。在家里待了一天，我就坐不住了，收拾好东西回到学校，坐在了教室里，又开始了教室、食堂、宿舍三点一线的生活。我的人生又回归到了正常轨道。

我知道，每当我想要放弃的时候，在不远的前方，总会有一束光，温和地指引着我向前走，而不是刺伤我的眼睛，迫使我停下来。

一路走来，我有无数次想要放弃的念头。高三毕业，我想要放弃上大学；大学因为一次失恋，我又差点退学……

每一次，我都是靠着自己内心的力量，坚持了下来，过程虽然很痛苦，但结果都令我欣喜。这股力量也一步一步地推着我走到了现在，让我成长为更接近自己理想中的样子。

我不是那么容易认输的人，我希望自己的人生，可以不一样，也深知自己的人生，还有更多的可能。

所以，尽管我的人生之路，有无数次想要放弃，但总会有比无数次多一次的坚持，支撑着我走到了现在。放弃也许会很容易，但坚持下去却会让自己更安心。

02

坦白讲，我不太允许自己走千篇一律的路，我更愿意去尝试，那些看似不可能的事情。

就拿写作来说吧！

我不是一个博学的人，上学期间也不是学霸级别，高考也是擦边过线。在很多人看来，我就是那种做不成什么大事的人。

用我们这里的话来说就是：一看就是翻不起什么大浪的人。

但在我的心里，一直偷偷藏着一个当作家的梦想，我从来没有和任何人提过。哪怕上学期间，有人夸赞我的文笔好，鼓励我走写作这条路，我也不敢说出口，自己有这个打算。不是不够真诚，而是害怕自己走不好这条路。

只是，在我的心里，这个目标始终吸引着我，慢慢地靠近它。我默默地看书、练笔，渴望有一天，自己能够靠文字，活得自由且富足。

但现实却是骨感的，它让我吃了太多苦头，也让我有了无数次想要放弃的冲动。进入写作圈子之后，我认识了太多天赋极佳，并且文化底蕴极深的作者。最重要的是，他们还非常努力。

往自己身上一瞥，只看到自卑碎了一地。后来，我怎么也写不出令自己满意的文章，灵感枯竭，文思耗尽，放弃的念头也越来越强烈。

我的写作老师说我，从一开始就没有沉下心，一直在焦虑。我承认，的确是这样的，我经常徘徊于放弃与努力之间，连我自己都有些厌倦，这种犹豫不决，这种自我折磨的状态。

看过一段话让我很有感触："认定一件事情，就放手去做，哪有那么多苦涩的内心戏？"

所以，哪怕有时候，我真的想要放弃写作，可过不了几天，我肯定又会心心念念地打开文档，想要写一些什么。

那些焦虑，或许是我想要做到更好，又有心无力的一种表现。有时候，想要放弃，也可能只是想逃避那些无能为力的挫败感。

当我慢慢意识到这些时，我才更加坚定，只有去做，才能走出焦虑，而不是一遇到困难，就与这条路说再见。

我想，写作是一辈子的事，别人一年两年就能做出的成就，我用十年二十年去坚持。如果还不行，那我就坚持一辈子！

03

那天，我问闺密："如果，我现在放弃自己的工作，放弃写作，做一条无欲无求的咸鱼，可以吗？"她说："当然可以，只要你愿意。"

见我没有接话，她继续说："但我认识的你，不会甘心就这样庸庸碌碌地过一生，你是那种一直在路上，热衷于探寻生命价值的人。所以，我断定，你不会轻易放弃自己的追求。"

她的一番话，把我从不现实的思绪里，拉回到清醒的现实当中。我必须认清自己，才能与自己内心的焦虑和平共处。

一直以来，我的胡思乱想也好，我的情绪化也罢，不过都是没有彻底认清自己，总是喜欢用表面的逃避去掩饰内心真正的渴望。

相信很多人，都和我一样，曾怀疑过坚持的意义。

坚持到无能为力，坚持到看不见希望，坚持到想要彻底放弃，深深怀疑过这样坚持下去是否值得，是否真的有意义。

可是，人生本就是永不停止的钟摆，每分每秒都在向前走。我们又有什么资格，让自己停下来驻足观望？还要去抱怨是时间不等人，人生太残酷？

坚持下去的人生，总会比中途放弃的人生要精彩。哪怕会有疲惫，哪怕会有辛酸，总好过站在原地感慨：坚持下去好难！至少，在坚持的过程中，我们能看到人生更多的可能性。

我特别喜欢荀子《劝学》中的一句话：**“锲而舍之，朽木不折；锲而不舍，金石可镂。”这句话是我上学时的座右铭，这么多年过去了，它一直激励着我，无论何时何地，遇到何人何事，都要坚持下去。这样，人生旅途上才会有别样的风景。**

其实，人生就是步履不停，还好，我没有中途放弃！

愿你，也不放弃！

真正的运气，是你有足够的实力

01

前几日，我接到子欣妹妹的电话，听了她一通抱怨。

原来，是上个月发工资时，她的工资竟然比那个晚进公司的同事低了不少。她一边哭，一边不停地抱怨："还不是因为她的运气好，好的客户都被她拦走了。"

子欣妹妹在一家4S店做销售，工作快两年了，却没有多大起色。平日里在众多销售员中，她不算是最出色的。子欣妹妹的口头禅就是："反正最后决定权在于顾客，我费再多口舌有什么用？"

其实，作为一名合格的销售人员，就是要有一种把产品优势推销出去的能力，只有自己把所有的性能和优势都介绍到位，然后让客户自己做决定，才是尽职尽责。若只是一味的全凭客户自己去了解，恐怕没有几个客户有绝对的耐心，估计早就扭头走了。

子欣妹妹的性子我是了解的，她是那种得过且过的"佛系"女孩儿。反观那个同事，却是个一丝不苟，热情洋溢的人。面对顾客，她给予耐心，面对工作，她拿出最好的状态，正因如此，才取得了好业绩。

而这些，却变成了子欣妹妹口中的爱显摆、抢风头和运气好。作为一名旁观者，我提醒子欣妹妹："这并不是单纯的运气，而是人家的工作态度与实力并存，吸引了更多客户去购买。"

试想，若子欣妹妹同事仅仅只是运气好，为什么能赢得如此多客户的好评？小到工作状态，大到工作技巧，无一不是能力上的体现，正是有出色的能力，才会有傲人的业绩。

光这一点，子欣妹妹就没有了可比性。

面对我的这番打击，虽然表面上子欣妹妹一副想要和我掐架的样子，但我知道，她听进去了。

这个世界上，哪有什么光靠运气就能一路绿灯的美事，除非是买彩票中大奖，但买彩票也不是一买就中的。

所以，万事只想靠运气，而不付出努力，这是任何时候，在任何场合都行不通的逻辑。

02

朋友艾容比我早一年参加工作。

有一次，我去找艾容玩。刚走进艾容的办公室，就听到她们在讨论："艾容真是好运气，今年改革考试制度，放宽了条件，招录的人数也增加了不少，她就刚好赶上了。要是放在早些年，竞争那么激烈，工作就没这么好找了。"

艾容谦虚地和她们说笑了两句，就同我一起离开了。

其实，只有我知道，艾容的今日所得，并非全靠运气。

那个时候，我和艾容一起备考，我是三天打鱼两天晒网，想起来了学一会儿，想不起来就刷手机刷个没完没了。而艾容从决定考公职的那一刻起就埋头苦学，早上六点雷打不动地起床，上午背书，下午做题。在这个过程中，艾容会把电话静音，屏蔽外界干扰，心无旁骛地学习。

好几次，我想让艾容陪我出去散心，都被她以学习为由拒绝了。看着我和艾容同时买的教材，艾容的已经看了两遍，重点在书中标记得一清二楚，而我的教材几乎还是新的，我就知道艾容是一定会考上的。

所以，艾容能够成为那一届招考的笔试面试双第一，真的不是靠运气，而是靠她一点一滴积累起来的实力。

真正聪明的人，不会把自己的命运交给所谓的运气，而是会通过自己的不懈努力，打造可期的未来。

第二年，我也收敛了自己的玩心，向艾容看齐，六点起床看书做题认真备考，才有了那一年我的成功上岸。要不然，像我刚开始的学习态度，可能到30岁我也不一定能获得现在的这份工作。

03

前段时间，我们学校发生了一件事，让我挺感慨的。

学校要评选一名优秀教师，经过学校几轮评选，最终确定了和我搭班的李老师。李老师是前两年才来我们学校的。当名单公布时，大家纷纷感慨：“在这么多老师中只评选一名，李老师真是太幸运了！”

其实，和李老师搭班过的人心里都清楚，李老师这个“优秀教师”根本不是幸运所得，而是实力所至。

李老师每天早上，在学生们进教室之前，就已经把当天的学习任务写在黑板上。中午辅导课，李老师几乎每天都在办公室里，辅导落后生做作业。晚上，只要办公室灯亮着，不用猜，一定是李老师在办公室里加班。

班级管理得井井有条，学校组织的各项活动，李老师也总是尽心尽力，几乎没有李老师做不好的工作。除此之外，李老师所教学科的成绩，每次都在前三名，“优秀教师”的荣誉，李老师担得起。

当很多人抱怨自己的运气不好时，真正想要进步的人已经迈开步子向前走了；当很多人等待虚无缥缈不可控的运气时，聪明的人早已开始提高自己的能力了。

很多时候，不是我们的运气不好，而是我们追求的方向错了，等待运气如同坐以待毙。很多时候，我们等来的或许不是运气，而是对自己不受厚待的怨气。

这世间，没有哪一个人单单靠运气就能抵达人生巅峰。真正的运气，从来都不是等来的，而是一个人的能力，达到一定高度的结果使然。

我特别喜欢一句话：“要得到你想要的某件东西，最可靠的办法是让自己的实力配上它。”

你要知道，很多东西，即使你有好运气拥有了它，也不一定能靠自己的实力把握住它。

那么，最好的办法就是，凭自己的实力，把它吸引过来，为你所用，然后互相成就。

睡前不想事，醒来不记事

01

有一段时间，我总是失眠，一到夜里就翻来覆去睡不着，各种各样的事情出现在脑海里，挥之不去。

打开手机，想找一个人倾诉一下，却发现自己已经很久没有和朋友联系了。那一瞬间，我忽然觉得自己很孤独。

这一年里，因为宝宝的到来，让我这个习惯了按自己节奏生活的人，一下子坠入了黑白颠倒的慌乱之中。

我的脾气变得暴躁起来，一言不合就开怼，见不得身边人不按自己的意愿来；无端伤心落泪，光是每天听着宝宝的哭声，就能彻底崩溃。

在外人眼里，我依然是那个每天面带微笑的姑娘。而在家人面前，我变成另外一个情绪低落的人。每当夜深人静的时候，我就会控制不住地胡思乱想，有时候执拗于一件事，整宿不眠。

想自己的生活，为什么会变成如今的一地鸡毛；想自己的老公，为什么连换个纸尿裤也不会；想孩子的到来，完全打乱了自己的计划；想很多没边没际的事情……桩桩件件的事情都让我感到崩溃。总之，那段时间，似乎生活里的一切，对我来说都很不如意。

再有，我在伤感时，又会很容易回忆起乱七八糟的过往。明明知道有些事已经成为过去，我还是忍不住去回忆；明明知道有些人早已消失在人群中，我依然觉得很是遗憾。

姐姐看我脸色不太好，人也憔悴不少，一针见血，指出我的问题：凡事想太多！虽然嘴上不承认，但我心里明白，我就是遇事想太多，把事情复杂化，尤其是一个人时，更容易钻牛角尖。

后来，我试着和朋友联系，了解一些带娃心得，平时宝宝睡着了，就看一些育儿类书籍，写写育儿日记。这些都让我的情绪得到了缓解，一天结束，就和一天的琐碎说再见，清清静静地休息，放平心态育儿，放平心态面对生活中的鸡零狗碎。

很多时候，让我们感到疲惫不堪的，可能不是事情本身，而是我们面对事情的心态。就如有句话所说："使人疲惫的不是远方的高山，而是鞋子里的一粒沙。"

心态，是生活最重要的调味剂，只有保持好心态，才能把生活调成自己想要的味道。

02

前段时间，闺密果果的公司裁员，她们整个部门被砍掉，部门里的人都被裁了，她也因此失了业。

找新工作的过程不是很顺利，要么专业不对口，要么离家太远，要么工资太低。果果奔波了两个多月，依然没有找到合适的工作。

这期间，谈了三年的男朋友也和她分手了，失业又失恋，本来就瘦的果果，几天下来又瘦了一圈。

果果和我讲：以前的她，不管发生天大的事情，睡一觉起来就好了。如今，即使睡上一天一夜，起来照样还是好不了，尤其是心口憋闷，脾气说来就来。

其实，我又何尝不是这样，曾经的我，活得没心没肺，很少生隔夜气，即使遇到再倒霉的事，我也总能在最短的时间里自我疗愈，坚信心情好身体才会好。

到后来，我一个人去外地工作，人生地不熟，没有朋友，也没有亲人，一切都很陌生，工作又不顺心。

刚去一个月，我就瘦了七八斤，经常因为一些琐事生闷气，连最管用的“睡觉治愈法”也不管用的时候，我才意识到，很多时候，我们活得太累，不是外界环境所决定的，而是自己的心魔在作祟。

心里装了太多不如意的事，便装不下很多愉快的事。

03

相信很多人都有过这样的感受：因为一件事情伤心难过、辗转反侧，害怕别人看到自己的脆弱，只敢一个人在深夜里对自己发泄。

常常自己疲惫不堪，不愿解释，假装坚强，周围人都觉得你过得很好，其实，只有自己懂自己的苦。

克里斯托夫·安德烈在《内在疗愈》一书里提到过一个词：内心斗争，指的是我们为避免或改变不愉快的或痛苦的生活方式所做的一切。这种斗争主要是在自己的内心深处，长时间地纠结、难受、挣扎……其实也可以说，我们是向内攻击，惩罚自己。

作者还提出：“从长远来看，与自己内心体验的斗争，在绝大多数情况下并不会奏效，因为我们很难直接且长久地改变自己的看法和情绪，而且它们还会在我们心里占据越来越多的位置，引发更加强烈的痛苦。”

这和我们平时说的“内耗”是同样的道理。情绪内耗是对自己最大的消耗，我们在与自己内心作斗争的时候，其实就已经狠狠地削弱了自己内心的力量。

可是，仔细想想，人的一生本就是苦乐参半，也许我们这个阶段坎坷不平，下一个阶段就会顺风顺水，不会一直如意，也绝不会一直磕绊。

生活中，我们每时每刻都在经历着不同的事情，有让人兴奋的事情，也有让人郁闷的事情。这些事情可大可小，如盛饭时，不小心打碎了一个自己特别喜欢的碗，我们若因纠结于已经打碎的碗而影响了品尝美食的心情，甚至很多天都闷闷不乐，那这件事就得不偿失了。

若看开一点，那碎了的碗也可以解读成“碎碎”平安，或者自嘲一下，旧的不去新的不来，心情就会立马不一样。

一个人看问题的角度不一样，内心的感觉也会不一样。就像有的人看山觉得畏惧，有的人看山却觉得敬仰，不同的人眼里会有不同的风景。

事有多面性，人有选择权，我们可以选择用怎样的心态去对待。

你我皆凡人，都有自己的烦心事。有些人把烦心事当成过不去的坎儿；有些人把烦心事当成人生路上的考验。过去了，是经验；过不去，便是苦难。

那些看起来没有烦恼的人，只不过是没有把那些烦心事放在心上，过去就让它过去，不会影响自己的心情，遇事淡然处之，让一切烦恼随风而去。

如果你觉得生活很难，不妨在每一天结束时，放空自己，什么也不想，好好睡上一觉，醒来又是美好的一天。

能做到睡前不胡思乱想，醒来把过往的一切都放下，便会少很多烦恼。

最好的路，是脚下通往远方的路

01

大学里，我学的是会计专业。

在大家拼尽全力考会计证，考初级会计职称，学习计算机时，我却有一个同学每天都在刷手机，看电视剧，美其名曰："享受大学生活"。

考会计证时，大家都是一次性考过，而她考了三次也没考过。她的口头禅是："过好当下，不思远方。"

可是她所谓的"过好当下，不思远方"，听起来却像是"自我麻痹，不思进取"。直到毕业，她的会计证也没有考下来。

很多年后，有一天我早上上班时碰到她，她正在去往面试的路上，我们匆匆打了招呼，各自留了电话便道了别。

后来，她在电话里说："要是我当初在学校时多多努力，把会计证考下来，如今也不至于四处碰壁了。去面试，面试官首先要看的，就是有没有会计证，而我这个会计专业的人，竟拿不出一个会计证，实在是说不过去啊！"

知道她是个性格大大咧咧的人，我忍不住调侃她："不还是你说的，读大学就是要好好享受，以后有的是时间接受社会的‘毒打’？这么快就认尿了？”

听到我这样调侃她，她也忍不住大笑了起来，说现在的自己，真是被年少无知时的狂妄之语害惨了，这不是“毒打”，这是快被社会抛弃了。

刚好那时候我们老板在这之前问过我，有没有学会计的同班同学，可以给他介绍下，分公司想招一个实习会计。

笑过之后，我就问她，要不要去我们公司面试一下，她犹豫了一下还是拒绝了，开玩笑地说，害怕自己的专业水平太低，如果去了给我这个介绍人丢脸。

我知道她是开玩笑，但也尊重她的选择。

生活从来不会给不思进取的人重新来过的机会，就像人生的路，永远没有回头路可走。人这一生，最好的路，永远是脚下通往远方的路。

后来，她终于意识到了，自己最大的问题在于，错把“过好当下”当成了“不思进取”的借口。

这几年，她通过自己的努力，把会计证考了下来，又考了初级会计职称。如今，正在注册会计师的路上奋力拼搏。

时间不会停下来等待自甘堕落的人，曾经以为的享受生活，不过是一种对自己未来的不负责。

02

有天下午，我和朋友出门逛街。

路上，我们聊起上学时的事情。她说，要是再让我上一次高中，我一定不会像当初那样白白浪费三年时间，我肯定会把握好每一天，争分夺秒地去学习。

她的话，触动了我，或者说刺痛了我。

当初上高中时，我的成绩并不好，尤其是英语，每次成绩出来，都感觉自己抬不起头来，别人问我成绩，我永远都是答非所问，糊弄过去。

在学习上付出的努力，也远远不如身边的其他人，觉得自己的水平已经是那样了，再努力也没用，以至于后来高考时，落后于班里大多数人。

如今，我历经坎坷走在写作的路上，才恍然若失，当初不但文化课没学好，就连课外读物也读得不多，真真是体会到了“书到用时方恨少”的无奈。

我对朋友说，也不知道，自己前二十年里都干了些什么，觉得自己浑浑噩噩过了小半辈子了，才开始悔恨自己当初的不学无术。

若有重新来过的机会，我定当全力以赴，一年不说看一百本书，至少也得看五十本吧！

毕竟，就像那句话说的：“不吃学习的苦，将来就要吃生活的苦。”

大学那几年，刚进学校时，我还信誓旦旦地说要好好学习，争取把专业知识学好，顺便再弥补一下之前少读的那些课外书。可现在回忆起来，自己依然没有做到，也是浑浑噩噩地度过了大学几年时间。

后来，等我真正走向社会，才发现，当时在学习上偷的懒，最后都以工作上的处处受挫，还到了自己身上。

不过，人生总是要向前看的，既然过去已成事实，又何必再紧抓不放。与其追悔莫及、自怨自艾，不如利用好当下的每分每秒，为将来做一些准备！

你所有的努力，在人生路上某个拐角处都会给你一个交代，只是时间长短的问题。你只用朝着自己认定的那条路，一直往前走，终会遇见属于自己的星辰与大海。

03

那天和表妹迎飞聊天。

她提到自己实习时的一个同事晶晶，和她同时开始备考教师招聘考试。浮浮沉沉两年过去了，晶晶早已放弃了考试，书也不再看了，题册也从此落满灰尘。

迎飞说，有一次晶晶和她倾诉，很后悔自己当初没能坚持下来。要是当初自己也坚持走下来的话，也许早就考上了，也不至于到现在，连连换工作，这份工作才干了没几天就不想干了。

当年，迎飞为了实现自己的教师梦，坚定地走了下来，只要哪个地方有考试，一定可以看到迎飞瘦小的身影。她历尽千辛万苦，熬夜看书、刷题的努力，终于得到了回报，如愿考上了某地方的公立学校。后来，迎飞只好鼓励晶晶，什么时候开始都不晚，就怕自己一直处于悔恨过去当中，忘记脚下通往远方的路。

过去，不管好与坏，都已成为过去，我们可以从中吸取教训，但不能沉溺其中无法自拔，就像一句话说的："后悔没用，努力才有用"。

很多人容易在悔恨过去中，迷失自己，陷入自责：要是当初多努力一点，如今也不会步步维艰；要是当初少浪费一些时间，如今也不会争分夺秒；要是当初把握住机会，如今也不会从头再来。

可是，悔恨交加的过去，永远不可能推倒重来，最好的办法就是：让自己保持清醒的头脑，走好以后的每一步路，即使路途遥远，也终有一天能够抵达。

这样才能对过去无悔，对今日无憾，对将来大声地说：你好！我来了。

人人都会犯的错，80% 的烦恼来源于此

01

邻居李婶，是一个什么事都要与他人相比的人。

早些年，老家有一个“空调下乡”的政策，有不少条件比较好的家庭，都开始往家里安装空调。

李婶的家庭条件并不算好，三个孩子都在求学阶段，每年的学费都要一大笔钱。李婶没有工作，一家开销全靠李叔微薄的工钱来维持，根本没有多余的钱来满足全家人更高的需求。

但李婶从来不理会这些，她看到别人买空调，就想方设法找亲戚朋友借钱，买回一台空调装在房间里。李叔看到之后，也只能无奈地摇摇头，然后努力赚钱还债。

大家在一起闲聊时，说起装空调这事，李婶也总是说：别人家里都装了，我们要是不装的话，会被人看不起的啊！

可钱是花了，李婶却更加烦恼了，常常抱怨电费太贵。几年过去了，李婶家的空调开过的次数屈指可数，几乎成了充面子的摆设。

除此之外，李婶看到别人买新衣了，就开始嫌弃自己的衣服不如别人；看到别人家盖新房了，就开始嫌弃自家的房子太陈旧；看到别

人家的小孩得了第一名，就开始嫌弃自己的孩子成绩平平没出息。

种种对比下，不仅没能让李婶过得更好，反而使她陷入恶性循环，看到别人比自己强，就心生烦恼，怨天尤人。

久而久之，她的身体受到情绪的影响，越来越不好，脸上的皱纹也越来越明显，早已没有了她那个年纪该有的精气神，整个人都委顿下来了。

与他人相比，最终毁的是自己的人生。

02

上个月，朋友小彭又报了一个线上情商课程，加上之前报的课程，这已经是第四个了。

她总是说，看到别人那么优秀，还一次报四五个课程，她的心里就非常恐慌，生怕跟不上别人的节奏，落后于人。

其实，她之前报的课程刚开始没多久，她每天还要忙工作，学习的时间有限，只是看着别人报了，也跟风报了起来，根本不考虑自己是否需要。

看着小彭是在努力让自己变得更优秀，我也不好说什么。

回忆起以前和小彭的聊天，她每一次谈论，无形中都是在和别人比较：同事谁又升职了；朋友圈里，谁又考了什么证；谁又看了多少本书……

而她自己，却什么都不出色：别人有的证书，她没有；别人看过的书，她没看过；别人一直在进步，而她却在原地踏步……

过多的对比，使小彭内心的失落感越来越强烈，时常感到焦虑烦闷。也因为在与他人的比较中，过分否定自己，让她产生了深深的无力感。

很多时候，当我们与他人相比的时候，很容易忽略自身的优点，常常拿自己的缺点与别人的优点相比较，觉得自己什么都不行，什么都不如他人。

事实上，每一个人都是独立的存在，都有自己的优缺点。别人可能人际关系很好，朋友遍天下，我们也许比较内敛，更注重自身的成长与发展；别人也许口才比较好，一开口就能吸引很多人的目光，我们也许倾听的能力更胜一筹，让人觉得踏实、可信赖。

不与他人盲目相比，看到自身的闪光点，才不会庸人自扰，才能成就更优秀的自己。

03

有句话说："比较，是一切烦恼和痛苦的源泉。"

很多时候，烦恼与痛苦的产生，并不是源于事情本身，而是在与他人比较的过程中产生的。

盲目的比较，不一定能带给自己力量。很有可能，越是比较越容易心生烦恼，失去自己的方向，乱了自己的节奏，这才是得不偿失的事。

在与他人相比较的过程中，若能够充分利用榜样的力量，使自己更加优秀的话，也不是什么坏事。但若一味地在比较中否定自己，就会削弱自身的力量，使自己越来越无助。

与其让自己在与他人的比较中烦恼与痛苦，不如让自己跳出这个旋涡，认真面对自身的优缺点。

毕竟，每个人最终只能在自己的人生路上，过属于自己的生活。

别人的生活，终究不属于你，过分比较，只会失去最真实的自己。

人这一辈子，会遇到很多让自己烦恼的事情，但 80% 的烦恼源于与他人相比。当我们把自己的关注点，全部放在他人身上，而忽略了自己生活的时候，烦恼也就慢慢地产生了。

真正聪明的人，从来不与他人相比较。因为，他们知道，那样只会让自己徒增烦恼。

不必羡慕任何人，你要活成自己的光

01

坐在我正前方的姑娘，留着一头及腰长发，无论是散开还是扎起来，都好看极了。

我坐在她的后面，一抬头就能看到那一头漂亮的头发，乌黑发亮的。最关键的是，她的头发是直直的，没有一点自来卷的痕迹。

每次上课，只要我抬头看黑板，就会被她的头发吸引。我就呆呆地看着、羡慕着、想象着……

如果，我从一出生，也是一头直发，那该多好啊?

如果，我有一头直发，就可以想剪什么样的发型，就剪什么样的发型了。

如果，我没有这一头卷发，就不用如此烦恼了……

那一年，我十二岁，对自己的一头自来卷，产生了深深的厌恶。

明知道人的基因是无力改变的，可我总是忍不住幻想，自己有一头飘逸的直发，扎各种各样的发式。

对那些拥有一头直发的姑娘，我也总是忍不住投去羡慕的眼神。尤其是在别人嘲笑我的爆炸式头发的时候，我的羡慕就会被放大千万倍。

我天生卷发，头发只要散开就完全不受控制，经常是乱糟糟的样子。从小就有人给我取外号“卷毛”，我很不喜欢这个外号，却一点办法也没有。我只能一直留长发，把头发扎起来，好让一头卷发看起来稍微顺眼一些。

可留长发时间长了，我也想尝试一下短发，但每次都下不了剪短发的决心。因为我怕那一头无法驯服的短发出来吓人，更害怕别人用像看怪物一样的眼光看我。

那时候，无论走到哪里，都有人对我指指点点，我经常听到有人说，“你看那小姑娘的头发，炸了一头”，或者干脆说，“看那小姑娘的卷发，太好笑了”。当然，也有人夸我，长得像个洋娃娃，满头卷发，还挺特别的。

但对我来说，无论是笑话还是夸奖，我都觉得是一种嘲笑。尽管我喜欢很多种发型，但很少去尝试，始终扎一个马尾，或高或低，没有任何新意。

我对直发的羡慕，可能很多人无法理解，但年轻时的我的确是控制不住地羡慕。只是年纪越大，我越觉得自己还有更多的事情去关注，直发、卷发也就变得没有那么重要了，随意扎个马尾，好像也不太丑。

02

初二结束后的整个暑假，我都把自己关在房间里，琢磨着写小说。说来也挺好笑，很多人十几岁时已经出版了多部小说，而那时的我才刚刚有了写作的意识。

那时候，家里没有电脑，也没有手机，我拿出一个本子，一支圆珠笔，绞尽脑汁列大纲、设定人物、布置场景、想象故事情节，一副无所畏惧的样子，提起笔就是吭哧吭哧忘我地写。

可写了几万字之后，我突然觉得自己被掏空了，脑子里能写的东西好像一下子就没有了，我在这种沮丧的状态下，停止了小说创作。

我开始疯狂地看小说，各种小说都看。这种“疯狂”的背后，其实更多的是羡慕。我边看小说，边想象着背后的作者，究竟是怎样的人呢？又究竟有什么样的天赋，才能写出这么厉害的文字？

这样一对比，我突然觉得，自己终究是没有写小说的天赋吧！那个我用来写小说的本子，也被我一气之下扔了。

如果说，写小说未能成功是我梦碎的时刻，那高二那年，我的作文多次被语文老师拿出来当成范文来念，还被张贴在教室后黑板上供大家学习，就是我的梦再次重启的时刻。

我的写作梦再一次被点燃，我梦想着有一天，也能够成为一名小说家，写自己喜欢的文字，成为自己曾经羡慕过的那种很“厉害”的人。

03

高二那年，我们班有一个女生王甜，学英语很有天赋。

英语单词读一遍就能记住，英语句子读两遍就会背诵，英语文章总能在最短的时间内背熟，她的英语成绩，也常常是班里第一。

她是英语老师的左膀右臂，也是全班同学追捧的对象。课堂上，老师提出的问题，如果其他同学答不上来，她一定会是那个托底的人。那些问题在她眼中，好像根本不算问题，她总能很轻松地答出正确答案。

每当这种时候，老师就会向她投去赞赏的眼光，那是一种令人羡慕、又深知羡慕不来的眼光，我从来没有见其他学生得到过。

我的英语，学得一塌糊涂，单词今天背会，明天就忘，英语短文从来没有完全背会过。不是我不努力，而是我无论如何在英语上下功夫，成绩依然在班级里垫底，有时还会在全年级垫底。

整个求学生涯，教过我的英语老师几乎就没有正眼看过我，估计也没有哪个老师记得有我这个学生，我就是这样一个透明的存在。

我甚至怀疑过，自己根本就没有学习英语的天赋，看着那个女生英语轻轻松松就能考到第一名，我在心底里偷偷羡慕过她。

也许是自己的英语成绩一直不好，学习英语也始终不开窍，所以整个求学生涯，我都对英语学得好的人很是羡慕。

我羡慕他们能准确地说出一个单词的拼读，也羡慕他们能够用英语和别人对话。这些，似乎是我这辈子都学不来的。

尤其是在大学里，我的一个室友因为英语口语超棒，在大一下半学期刚开学时就被校外的一个很大的英语机构聘用，成为那里的兼职英语老师。

当时的我，心里特别羡慕她，不仅可以赚点零花钱，还能为毕业后找工作积累一些经验。

那种羡慕里，可能更多的是对自己学不好英语的失望。也正是这种失望始终萦绕在我的内心，让我走上了一条“羡慕成瘾”的路。

04

依然是在大学里，我们班有个女孩，不仅学习好，而且人际交往能力超强，仿佛整个系的人和她都是好朋友。我羡慕她身上的那股吸引力，总能吸引很多同频的人，一起学习、一起玩耍、一起为青春而“放肆”。

可我就没有那么强的人际交往能力，我的朋友很少，整个大学，我除谈了一场无疾而终的恋爱，耗费了很多时间和精力外，其他的课余时间，我几乎都是一个人在图书馆里与书为伴。

那时候我也想要合群，可由于性格上的原因，始终没能如愿，我只能一边羡慕她们相伴而行，一边又不得不忍受着自己的孤独。

大学毕业时，我的一个室友考进了一家银行，工作很快就稳定了。而我却一直碌碌无为，工作换了一个又一个，每次都是裸辞，下一步怎么走也是未知。我承认，自己羡慕了她很久很久，也自我否定了很久很久。

没多久，我发现很多同学，不仅工作稳定了，也都开始忙碌起自己的人生大事。当看着他们喜庆的结婚请柬，想想自己连个男朋友也没有时，我又开始羡慕那些找到另一半的人。想象着自己的另一半会在哪儿呢?

也是在那一段时间，很不幸地，我被诊断出得了一种很难治愈的病。当时，医生考虑到我还太年轻，手术对我今后的身体和生活影响都会比较大，建议我保守治疗。当医生告诉我，大概率需要终身吃药控制时，我的眼泪瞬间就落了下来。

那些年，我走在路上，看到身边的每一个人，都觉得好羡慕，他们的身体一定都比我健康，一定不会像我一样，从每天定个闹钟提醒自己吃药，到吃药像一日三餐一样自然而然，再正常不过。

我也因此颓废了很久，那是可以以“年”为时间来计算的颓废……

在我的生命里，羡慕似乎就没有停止过。

我羡慕那些会弹钢琴的人，羡慕那些写了一手好字的人，羡慕那些很早就找到自己一生要走的路的人，也羡慕那些在某个方面特别有天赋的人……

别人的生活，好像永远比我的好；别人的人生，好像永远比我的精彩。与别人相比，我的一切，似乎都糟糕透顶，无可救药。

05

后来的一段时间，我想了很多，觉得自己不能再继续颓废下去了。别人活得再好，那也是别人的人生，来这人世间走一趟，至少得为自己活一次，不去羡慕任何人。

我开始计划自己以后的出路，准备参加教师招聘考试，想趁年轻，先把自己的工作稳定了，再考虑其他的事情。

虽然在参加考试的过程中，看着一拨又一拨的人考走上岸，只有我还在拼了命地背书做题，在备考的水深火热里挣扎，久久不能上岸。我也会很羡慕他们，羡慕他们再也不用没日没夜刷题，再也不用背书背到想吐，再也不用担心这次再考砸怎么办……

但我心里始终有一个信念：我一定也能考上。

幸运的是，经过一年多的努力，我终于考上了。曾经的那些羡慕，在我考上的那一刻，变得很淡很淡。也是这一次，我忽然觉得：那些让我羡慕的，终有一天也能得到，关键是我得去努力。

走上写作这条路以后，我曾羡慕过很多写作大咖，他们比我有天赋，比我文笔好，写作经验也比我丰富，读的书也比我多……

他们中的很多作者，坚持日更，保持着一年出一本书的节奏，说不羡慕是假的。对，我承认自己非常非常羡慕他们。

我开始看很多的书，每天的空闲时间，我几乎都在看各种类型的书。我知道自己底子薄，需要大量地输入才能保证有质量地输出。我希望有一天，也能够像他们一样，出一本属于自己的书。

那时候，我羞于说出自己的出书梦，如今当我坐在电脑前，敲打着自己的书稿时，我就明白了：与其临渊羡鱼，不如退而结网。

我心里也始终有一个声音告诉我：小鱼，你也可以的，只要你足够努力、足够坚持、足够奋力往前冲，一切就皆有可能。

06

特别喜欢作家莫言说过的一段话：**“人，来到这世上，会有许多的不如意，也会有许多的不公平；会有许多的失落，也会有许多的羡慕。你羡慕我的自由，我羡慕你的约束；你羡慕我的车，我羡慕你的房；你羡慕我的工作，我羡慕你每天总有休息时间。”**

我们在羡慕别人的时候，也可能会成为别人羡慕的对象。

就像我在羡慕别人直发时，说不定也有人在羡慕我不用烫发就是卷发；

我在羡慕那些会写小说的人时，说不定也有人羡慕我不用绞尽脑汁写小说的轻松；

我在羡慕别人英语好时，说不定也有人羡慕我的文章被当成范文念；

我在羡慕别人人际关系好时，说不定也有人羡慕我有那么多独处的时间；

我在羡慕别人早早遇见另一半，步入婚姻殿堂时，说不定也有人羡慕我单身的自由……

是的，我们羡慕过多少人，自己心里最清楚，可我们不清楚的是，也许我们也曾被别人羡慕过，只是我们不知道……

曾看过一段对羡慕心理描述很恰当的话："羡慕心理，就是当拿着你没有的，去和别人有的进行比较时，产生的一种渴望拥有而暂时未能拥有的心理。"

这种心理的背后，隐藏着我们对自己的不够自信。

其实，每个人的生活都至少有两面，一面是我们能够看到的，一面是我们看不到的。我们看到的可能是他们光鲜亮丽的一面，而我们没有看到的另一面，很可能是他们充满艰辛和汗水的一面。

所以，永远不要去羡慕任何人，别人的生活未必有我们看到的光鲜亮丽，别人的人生也未必像我们想象中那样精彩。

要知道，我们才是自己人生的主角。

我们最该羡慕的人，是那个努力的自己。我们要努力活成自己的光，照亮自己这一生的路。

图书在版编目(CIP)数据

去过配得上你的生活 / 小鱼叔著. —北京: 中国法制出版社, 2022.11

ISBN 978-7-5216-2932-3

Ⅰ. ①去… Ⅱ. ①小… Ⅲ. ①人生哲学—通俗读物 Ⅳ. ① B821-49

中国版本图书馆 CIP 数据核字(2022)第 178817 号

策划编辑 / 责任编辑: 陈晓冉　　封面设计: 周黎明

去过配得上你的生活

QU GUO PEIDESHANG NIDE SHENGHUO

著者 / 小鱼叔

经销 / 新华书店

印刷 / 三河市国英印务有限公司

开本 / 880 毫米 ×1230 毫米　32 开　　印张 /8　字数 /172 千

版次 / 2022 年 11 月第 1 版　　2022 年 11 月第 1 次印刷

中国法制出版社出版

书号 ISBN 978-7-5216-2932-3　　定价: 39.80 元

北京市西城区西便门西里甲 16 号西便门办公区

邮政编码: 100053　　传真: 010-63141600

网址: http://www.zgfzs.com　　**编辑部电话: 010-63141835**

市场营销部电话: 010-63141612　　**邮购部电话: 010-63141606**

(如有印装质量问题，请与本社印务部联系。)